第2版

はじめての設計をやり抜くための本

概念モデリングからアプリケーション、
データベース、アーキテクチャ設計、
アジャイル開発まで

吉原庄三郎 著

本書内容に関するお問い合わせについて

このたびは翔泳社の書籍をお買い上げいただき、誠にありがとうございます。弊社では、読者の皆様からのお問い合わせに適切に対応させていただくため、以下のガイドラインへのご協力をお願い致しております。下記項目をお読みいただき、手順に従ってお問い合わせください。

ご質問される前に

弊社Webサイトの「正誤表」をご参照ください。これまでに判明した正誤や追加情報を掲載しています。

正誤表　https://www.shoeisha.co.jp/book/errata/

ご質問方法

弊社Webサイトの「刊行物Q&A」をご利用ください。

刊行物Q&A　https://www.shoeisha.co.jp/book/qa/

インターネットをご利用でない場合は、FAXまたは郵便にて、下記 **"翔泳社愛読者サービスセンター"** までお問い合わせください。

電話でのご質問は、お受けしておりません。

回答について

回答は、ご質問いただいた手段によってご返事申し上げます。ご質問の内容によっては、回答に数日ないしはそれ以上の期間を要する場合があります。

ご質問に際してのご注意

本書の対象を越えるもの、記述個所を特定されないもの、また読者固有の環境に起因するご質問等にはお答えできませんので、予めご了承ください。

郵便物送付先およびFAX番号

送付先住所　〒160-0006　東京都新宿区舟町5
FAX番号　　03-5362-3818
宛先　　　　㈱翔泳社 愛読者サービスセンター

はじめに

　本書は2008年に出版した『はじめての設計をやり抜くための本』の改訂版
（第2版）です。2008年に執筆してから14年が経ちましたが、大きく革新
的なシステムを作るニーズは増えていながらも、エンジニアが体系的にシス
テム開発全体を学んで実践する機会は減ってきています。その意味では皮肉
なことに本書の必要性は14年前よりも、はるかに高まっています。

　本書の対象読者は、第1版と変わらず、「システム開発に携わる若手エン
ジニア」です。システム開発に仕事として携わるようになって、機能の開発
を部分的に任せてもらえるようになったエンジニアや、開発も数年経験して
そろそろ設計を体系的に学びたいエンジニアを想定しています。他にもWeb
ディレクターやマーケティングディレクターの方が、システム開発の全体の
流れを把握するために読む、という使い方もあります。

　今回の改訂にあたって、14年前の原稿を整理すると驚くことがわかりま
した。使用するフレームワークやツールは変わっていても、要件定義から設
計までの進め方には昔も今も変わらない方法論がほとんどだったからです。
この変わらない方法論が大きなシステムをゼロから開発するために必要な知
識です。もちろん大は小を兼ねるということで、システムの一部を開発する
ことにも十二分に役に立ちます。

　この第2版では、14年経っても変わらない方法論を骨格として、14年の間
にデファクトスタンダードが変化したフレームワークやツールの説明を刷新
しました。具体的には、フレームワークの例として、エンタープライズ領域の
開発でよく使われているSpring Bootを採用しました。さらに、RESTfulや
GraphQLを使ったAPI設計の概要も押さえています。そして、アーキテクチャ
の説明にマイクロサービスも加えました。本書を通して読んでいただくこと
で、マイクロサービスが従来のコンポーネントやオブジェクトの考え方をさ
らに拡張したものであることがわかるでしょう。そして、大きく進化したと
いえるのはアジャイル開発についてです。この14年の間にアジャイル開発
は多くの実例が生まれながらも、いまだに漠然としたイメージを持っている
人も多いはずです。この第2版では、アジャイル開発についても筆者の実績

から解説を増やしています。本書は第1版と同じく、個々の要素技術を詳細に掘り下げるものではありませんが、読者の皆さんにとって違和感なく開発の流れを把握できるものになったと考えています。

　今後、エンジニアは、大きなシステム全体をゼロから開発できるエンジニアと、大きなシステムの一部の機能しか開発できないエンジニアに二分されることになるでしょう。その違いは「設計ができるかどうか」です。設計ができるようになるには、特別な才能が必要なわけではありません。本書に書いた知識や技術を少しずつ積み上げていくだけです。本書が未来あるエンジニアの皆さんにとって設計を学ぶきっかけになれば幸いです。

2022年4月　吉原庄三郎

CONTENTS

目次

第 3 章
外部設計の手法　085

第 **4** 章

内部設計の手法　185

アーキテクチャ編

第 **5** 章

アーキテクチャの目的　251

第 6 章
アーキテクチャ設計のアプローチ　265

第 7 章
本当に設計は必要か　303

第 1 章

はじめての設計を
やり抜くために

> 本章では、本題である「設計」の話題に入る前に、エンジニアとしてのやりがいやキャリアパスなどを説明します。ひと口に設計といってもその範囲は非常に広く、また多くのプロジェクト関係者が設計のスキルを必要とします。設計スキルは設計者だけが持っていればよいのではなく、プログラマやコンサルタントなどにも必要です。まずはこのあたりを整理するところから始めましょう。

設計者への道

　本書のタイトルは『はじめての設計をやり抜くための本』です。プログラミングはやってきたけれど、システムを設計することははじめての人。設計の経験はあるものの、見よう見まねでやっているだけで、基礎からもう1回勉強し直したい人。本書は、そうした設計の基本的な手法を知りたい人のための本です。誰にでもはじめての瞬間は訪れます。新人のエンジニアにとっても、はじめて設計を任される時が来るでしょう。仕事であれば、途中で投げ出すわけにはいきません。そんな方々にとって、本書は設計をやり抜くための一助になると思います。

　最近ではインターネット上に多くの情報がありますので、本を買わなくてもある程度の勉強はできます。最新の情報を入手するには、インターネットは早くて安いという良いところばかりです。ただ、ある分野のまとまった知識や手法を体系的かつ具体的に身に付けようと思えば、書籍を求める価値は今でもあると思います。本書の特徴の1つは、設計工程を最初から最後まで一貫して説明するところにあります。ユースケースモデリングやデータベース設計を取り上げている本はありますが、一連の流れの中でそれらを説明しているものはあまりありません。

　本書を執筆するにあたって、設計をやり抜くには何が必要かと考えまし

た。そもそも「設計」という言葉の意味や作業の範囲は、とてつもなく広いものです。本書だけですべての設計ノウハウを説明することは不可能です。仮に説明したとしても、「はじめての人」が「やり抜くため」の本にはならないでしょう。よって、本書を書くにあたり、設計をやり抜くために最低限必要なことは何かを考えました。それは次の3点です。

第一に、「設計の目的を正確に把握すること」です。はじめての人が本を読んだだけで設計の目的を実感することは難しいかもしれません。ただ、設計の目的を何も知らなければ、設計というものを形式的で機械的な作業と考えてしまうこともあるでしょう。目的もわからずに設計作業をしたり、むやみに設計書を書き進めたりすることは、無駄になるだけでなく、開発プロジェクトを失敗させることにもなります。

第二に、「設計を行うために最低限必要なテクニックを知ること」です。いくら設計の範囲が広くても、肝となるポイントは限られています。本書では、そのポイントを押さえるために最低限必要なテクニックを説明します。

第三に、皆さんが周りにいる人と「正常なコミュニケーションをとること」です。設計スキルを上達させるうえで重要なことは、他の誰かのために設計するという視点を持つことです。通常は、自分が記述した設計書を誰かが読み、正しくプログラミングできるように設計をします。そのためには曖昧な表現を避け、不明確な部分をなくし、注意しなければならない箇所を明確にします。設計という作業はコミュニケーションなのです。

本書の内容は、以上の3点を中心に構成されています。

さらに、設計を行うために最低限必要な知識として、次の4つを重点的に取り上げます。

●ユースケース
●概念モデル
●データベース設計
●アーキテクチャ設計

これらは、現在のエンジニアにとって欠かせないスキルです。オブジェクト指向やUML（Unified Modeling Language）が基本的なスキルであるのに対して、ユースケースモデルや概念モデル、データベース設計、アーキテ

クチャ設計は、それらを使った実践的な応用スキルといえます。実際に設計を行うためには、基本スキルだけでなく応用スキルも必要です。

多くの人は、オブジェクト指向やUMLの初心者向けの本を読んだことがあるかもしれません。しかし、実際に設計の現場でどのように活用すればよいかわからない人も多いでしょう。本書で取り上げる応用スキルの説明は、オブジェクト指向やUMLといった基本スキルを固めることにもつながります。本書の中では、それぞれの分野で筆者が良いと思う専門書も紹介します。まずは本書を読み、それぞれの分野の概要と設計全体の中での位置付けを理解したうえで、個々の専門書を読むとよいでしょう。

最近では、設計という作業そのものが必要なのか不要なのかが議論されています。それは、アジャイル開発方法論が包括的なドキュメントよりも動くソフトウェアを重視する、まったく新しい手法を提言しているからです。新しい技術が常に正しいとは限りませんが、アジャイル開発方法論は非常に魅力的に見えます。これからのシステム開発の主流になるかもしれません。このような状況の中で、設計の解説書を執筆することは、筆者にとってもとても貴重な体験でした。今こそ、設計というものを見つめ直すことが非常に重要だと思います。これは筆者だけでなく、読者の皆さんにとっても同じでしょう。

設計は奥の深いものです。システム開発の上流工程である業務分析や要件定義では、業務や実生活の世界を表現します。下流工程である実装（プログラミング）では、コンピュータが理解できるようなプログラミング言語やビットの世界を扱います。この2つの世界の狭間で懸け橋になるのが設計です。設計をするには、この2つの世界をある程度わかっていなければなりません。これは、設計だけでなく、プログラミングにも同じことがいえるかもしれません。設計は、プログラミングのための準備作業であるといえるでしょう。以前よりも、プログラミングと設計との垣根は低くなっています。プログラミングを行うにも設計のスキルが必要です。本質的には、設計とプログラミングが解決するテーマは変わりません。それは、要件定義をシステムで実現することです。その意味では、設計者やプログラマにも広い知識が必要になります。アジャイル開発方法論が登場した背景には、プログラミングと設計の間に類似点が多いこともあるのでしょう。

さて、本書の構成は次のようになっています。

- ●導入編：第1章
- ●設計編：第2〜4章
- ●アーキテクチャ編：第5〜7章

「導入編」では、エンジニアとしてのやりがいやキャリアについて述べます。その中で、キャリアアップのために必要なスキルと設計スキルの関係を説明します。

「設計編」では、これから設計者として活躍していく人のために、具体的に、①設計の目的、②設計するために最低限必要なテクニック、③設計におけるコミュニケーション、について説明します。この設計編の内容が理解できれば、難易度の高くない開発プロジェクトであれば実際に設計をやり抜くことができるでしょう。

「アーキテクチャ編」は、設計編で設計の基礎を学んだ人が、さらに難易度の高いシステムでも設計できるようになるために、アーキテクチャという考え方を説明します。アーキテクチャを学ぶことは、設計者がアーキテクトにキャリアアップすることにつながります。

さらに本書の最後に、アジャイル開発方法論を交えて設計が本当に必要なのか、そして今後の設計のあり方を説明します。

ただし、本書を読み終えても、読者の皆さんにとって設計の道の探究は始まったばかりです。本書はその入口に過ぎません。世の中には、さまざまなデザインパターンやアーキテクチャ、フレームワーク、モデリング手法が提案されています。それらは玉石混淆ですが、玉を集めることができれば、それはきっと皆さんの財産になるでしょう。

エンジニアの2つのタイプ

●

　本題の設計の話に入る前に、読者の皆さんがエンジニア生活を楽しむために、我々エンジニアという種族の生態についてお話ししたいと思います。エンジニアというものを客観的に認識することは、エンジニアとしての成長に欠かせません。

　筆者の周りのエンジニアを見ていると、大きく2つのタイプがいるように思います。1つ目は、理想主義者とでも呼ぶべき人たち。もう1つは、現実主義者です。

①理想主義者

　理想主義者は、新しい技術に対して楽観的であり、新しい技術が登場すると誰よりも早く受け入れます。その姿勢は無邪気であり、新しい技術を無条件に取り入れます。理想主義者は、得てして子供のような純粋無垢な人柄です。

②現実主義者

　現実主義者は、新しい技術に対して懐疑的です。新しい技術が登場しても、まずは情報を集め、周りの評判を聞いてから使い始めます。新しい技術を受け入れるのには慎重です。現実主義者は大人であり、思慮深い人柄です。

独創性と寛容さを

　読者の皆さんは、自分自身をどちらのタイプだと思いますか？ この2つの類型は個性の問題ですので、必ずしもどちらが良いとはいえません。あるいは、年齢や立場によって少しずつタイプが変わっていくこともあるでしょう。

　日本国内や世界で活躍しているエンジニアの人と話したり、その人に関する著述を読んでみても、やはり2つのタイプに分かれるようです。どちらが多いともいえません。いずれにせよ、エンジニアとして成功するには、理想主義者か現実主義者かだけでなく、プラスアルファが必要です。

●**理想主義者には、プラスアルファとして「独創性」が必要**
●**現実主義者には、プラスアルファとして「寛容さ」が必要**

理想主義者の中には、得てして新しいものを無条件に受け入れる姿勢が盲目的になってしまう人がいます。知見は多く広いようでいて、本質的なものを見ていないために、単なるマニュアル人間になることがあります。さらに、教科書どおりに行うことに固執するので、自分の考えがなくなってしまいます。これでは、単なるフリークでしかありません。このようなタイプは「技術オタク」と呼ばれたりもします。理想主義者は、新しいものを受け入れる姿勢や、素早く実行に移す姿勢を美徳だと思うので、それを自分のものにする独創性があればギーク（Geek）と呼ばれるようなスーパーエンジニアになることができます。

　現実主義者の中には、その慎重さを自己の保身のために使う人がいます。ひどい場合には、慎重を通り越して因循にすら見えます。特に経験豊富なエンジニアに多く、彼らは社会的な地位も高く、時に若い人の新しい芽を摘んでしまうこともあります。現実に即して技術を応用する姿勢は美徳なのですが、新しいものや新しい考えを受け入れる寛容さが必要です。寛容さによって長期的な視点で冷静に技術動向を見ることができますし、現場にいても現実に即して技術を応用できるでしょう。

　これまでは現実主義者のほうが社会での評価も高く、理想主義者は変わり者のように思われてきました。しかし、オープンソースソフトの開発では、理想主義者が非常に大きな貢献をしています。今ではどちらのタイプも重要です。理想主義者には独創性、そして現実主義者には寛容さを持ってもらうことで、本当のエンジニアになっていただきたいと思います。また、現実主義者と理想主義者が協力すると良いチームが作れます。例えば、開発プロジェクトに現実主義者のプロジェクトマネジャーと理想主義者のアーキテクトがいれば、新しい技術のリスクを考えつつも着実にプロジェクトを運営できます。

基本の積み重ねが大切

　エンジニアは、腕に技を持つ「職人」です。エンジニアというからには「技術者」と呼ぶほうが正しいのでしょうが、IT業界に限っていえば、技術者というよりも職人という語感のほうがしっくり来ます。それは、IT業界には技術者としての資格制度はあるものの、資格を取ったからといって、技術者として一定の仕事が将来にわたってできるわけではないためです。資格を持っている人が、実務としてのプログラミングや設計をできるとは限らないのです。これは、資格制度というものが現在のIT業界に即さないからだと思います。IT業界における技術の爆発的な広がりと変化に、資格制度が追い付くことは不可能だからです[注1-1]。

　もちろん、ある製品やプログラミング言語などの特定の分野における資格というものは存在し得るでしょうが、一般的なものではありません。これはIT業界の産業としての本質的な問題です。資格と同じことが情報工学系の学校にもいえます。もちろん、資格を取得したり学校に通ったりすることには、知識を身に付けるという意味があります。ただ、その資格や学歴は、5年後のエンジニアとしての価値を何も保障してくれません。つまり、エンジニアを仕事とするためには、学び続ける必要があるのです。

　このようにいわれると、エンジニアとしてやっていけるか不安になるかもしれません。しかし、大丈夫です。確かに新しい技術を学び続ける姿勢は必要ですが、新しい技術といわれているものにも、既存の技術と本質的に変わらない考え方が多くあります。例えば、Webといっても基本となる技術はTCP/IPとHTTPとHTMLです。どれも何十年も前に考えられた仕様であることは有名です。リレーショナルデータベースの概念はそれよりも古く、数十年の歴史を持ちます。最近注目されているオブジェクト指向ですら、誕生から数十年が経っています。実は、最新の技術を学び続けるというのは茨の道ではなく、最も楽な近道なのです。技術の積み重ねがあれば、新しい技術を学ぶのも格段に速くなります。目先の技術だけを表面的に学ぶことは当面の仕事をこなすためには有効ですが、次の仕事につながらなければ意味があ

注1-1：もしも半年ごとに内容が大きく変わる資格があっても困りますよね。

りません。そのためには、基本となる技術の積み重ねが必要です。

　エンジニアを資格で評価できないことにも関連して、エンジニアの価値を明確に評価することは難しい問題です。エンジニアの価値を評価できないことは、システムの価値を評価できないことと同じです。このことは、IT業界の産業構造にも影響を与えています。優秀なプログラマもそうでないプログラマも、同じように人月単価で値段（価値）が決められます。もちろん、経験年数や実績で人月単価も異なりますが、一部のスーパープログラマを除くとそれほど差はありません。これが、受託開発の孫請けや曾孫請けといった多重請負の階層になったり、オフショア開発の台頭につながるのです。プログラミングを中心とするシステム開発という仕事が、低付加価値なのか高付加価値なのかという問題でもあります。低付加価値であれば、スキルの低いプログラマでもかまわないので、多重請負やオフショア開発でもよいでしょう。確かに、メインフレームの頃のように、設計書を完璧に書きあげるような開発プロセスであれば、プログラミングは低付加価値かもしれません。しかし、後述するように、現在ではシステム開発の方法も変わってきています。低付加価値な部分はツールやフレームワークがほとんど担ってくれます。プログラマに要求されるのは、もっとクリエイティブな領域です。残念ながら、プログラミングをはじめとするシステム開発を低付加価値だと思っている人は、IT業界にも多くいます。最近のシステム開発の現場を知らない人たちに多いようです。これからのエンジニアは、自身の付加価値について明確な認識を持つことが求められます。

　エンジニアが高付加価値を持つのは難しいことです。現在は標準仕様とオープンソースの時代なので、誰もが同じ技術を使うことができます。プログラミング言語もフレームワークも、使うものは誰でも同じです。職歴20年のベテランも情報工学の学生も同じ技術を使うのです。誰もが同じブログを読んで同じ本で勉強します。このような時代に高付加価値を持つには、標準を確実に押さえながらも、基本的な技術を裏付けとして自分の頭で考えることが必要になります。人が良いと言ったから3層レイヤーにするのではなく、自分で納得してその設計をする必要があります。それには、本当に良いシステムを作りたいという情熱も必要でしょう。ただ、これは簡単な道ではありません。そのためには、SpringやRailsを知っているだけではダメです。オープンソースソフトを研究するとか、自分で世界に通用するものを

作ってしまうくらいでないといけません。それを実現するには、もっと基礎技術が必要なのです。本書では、設計という語り尽くされてきた内容を、若い人に向けて改めて基礎から説明していきます。

本書が想定する読者

　本書は、IT業界に何らかのかたちでかかわり、はじめて設計をする人のための本です。IT業界にかかわるかたちはさまざまです。SIer（システムインテグレータ）の人だったり、何らかの事業を展開する企業の情報システム部門の人だったり、パッケージを開発する人だったり、Webサービスを提供する企業のシステム開発部門の人だったりします。本書では、そうしたさまざまな事業の形態にかかわらず、設計という作業に必要な一般的な事柄を説明します。ただし本章以降では、便宜上、SIerに所属するエンジニアを想定して解説します。日本では、システム開発の中心はSIerです。システム開発を受託するSIerの目線で説明しますので、システム開発を発注する何らかの事業を行う企業をユーザー企業と呼びます。また、SIerというのは業態を表すものですので、本書では単純にシステム開発会社と呼ぶことにします。

エンジニアとしてのやりがい

次に、エンジニアにとってのやりがいについてお話ししたいと思います。

エンジニアは面白い

エンジニアは楽しい仕事です。特にプログラマは最高の職業です。その意味で、本書を読まれている皆さんは最高の職業を選択したといえます。

プログラミングとは非常にクリエイティブな活動です。極端な話、手元にあるパソコンだけでグーグルと同等の検索エンジンロジックをプログラミングしようと思えば、才能さえあれば不可能ではないのです^{注1-2}。

Webの発展により情報格差がなくなったことと、オープンソースの台頭により技術格差がなくなったことがその背景にあります。もちろん、高性能なコンピュータを個人でも無理なく購入できるようになったり、誰でもインターネットに接続できるようになったことも背景としてあります。

ご存じのように、ここ20数年ぐらいでWebが大いに発展してきました。Webサービスを提供するITベンチャーも、アメリカを中心に非常にたくさん生まれてきています。皆さんもご存じのグーグル、ヤフー、アマゾンなどです。特にグーグルは、Webを代表する典型的なITベンチャーです。同社のそもそもの発端は、アメリカの2人の大学院生が開発した新しいアルゴリズムを搭載した検索エンジンでした。それが今では数兆円規模の会社になり、あのマイクロソフトを超える成長を見せています。日本でもITベンチャー

注1-2：ただし、パフォーマンスを除けばですが。こればかりは非常にたくさんのお金がかかります。

は多く誕生しています。また、日本発のプログラミング言語であるRubyが世界で話題になっています。Ruby On Railsは、Webアプリケーション開発の考え方をまったく変えてしまいました。

　これらのWebを中心としたITの発展には、オープンソースソフトが非常に重要な役割を果たしています。ご存じのように、LinuxのようなOSや、PerlやPython、Rubyといったプログラミング言語もオープンソースとして作られています。オープンソースソフトは、世界中のボランティアの開発者が自分の時間を少しずつ割いて開発をしています。プログラミングしたものをGit（例、GitHub）などのリポジトリに登録すると、それを世界中のユーザーが使い始めるのです。このような産業の構造的な変化が、現在のインターネットの世界を支えています。つまり、プログラマが支えているのです。

　オープンソースソフトをボランティアで開発するようなプログラマは、ギーク（Geek）と呼ばれます。ギークは、もともと良い意味ではありません。バカが付くほど1つのことにのめりこむ人のことです。ギークは単なる技術オタクではありません。話題になっているITベンチャーの経営者にもプログラマはたくさんいます。単なるプログラマではなくスーパープログラマ、つまりギークということです。ITベンチャーでは、エンジニア以外のキャリアの人のほうが少ないくらいです。経営者兼プログラマが多いのです。

エンジニアの喜び

　エンジニアの仕事は夢中になれます。プログラミングしていると時間を忘れてしまいます。新しいアーキテクチャに関する議論には思わず熱が入ります。気が付くと夜で終電近くになっていることはよくあります。残業を嫌々やっている人もいるでしょうが、プログラミングに関しては楽しんで残業している人も多いのではないでしょうか。

　エンジニアは誇れる仕事です。今の世の中、ITを活用していない会社はほとんどないでしょう。もちろん、単なるパソコンから大型の基幹システムまで大小さまざまですが、それらはCPUチップやOSなどは違えど、基本的な原理は一緒です。小さいプログラムも大きなシステムも、いくつかのコツを

押さえれば作るのは不可能ではないのです。大きな企業のソフトウェアを開発するような仕事があると、街で見かけたお馴染みの企業だったりして、「この会社は自分たちが作ったソフトウェアで動いている！」というのは言い過ぎですが、それでも誇らしい気分になるものです。

エンジニアはビジネスを学べる仕事です。現在の企業にとって、ITシステムは業務の根幹を担っています。その会社の基幹システムこそが、その会社の主要業務であるといっても過言ではありません。システム開発を行うと、その業務についての知識を身に付けることができます。漫然と言われたとおりにプログラミングしているだけでは何もわからないでしょうが、設計書に書かれているビジネスルールを理解して、システム全体のデータベース設計などを参照すれば少しずつわかるようになります。もちろん、ユーザー企業と読者の皆さんの会社には守秘義務契約が結ばれていますし、皆さん個人と会社の間にも機密保持誓約書のようなものが結ばれているはずなので、業務上知り得た情報を他には漏らすことはできません。とはいえ、業務から学んだものは読者の皆さんの経験という財産ですので、十分に活かして問題ありません。エンジニアとして業務知識を活かすようなキャリアを考えているのであれば、多くの業務システムの開発に携わることは有益です。

プログラミングや設計といった作業は、技術力が求められると同時に、人間の創作力を発揮する場面です。他の人が思い付かないようなロジックやプログラミングが実現できた時には、大きな達成感を得ることができます。

エンジニアには、次のような喜びや楽しさがあります。

●ゼロから新しいものを作り出す喜び
●人の役に立つ喜び
●道具を自作できる喜び
●チームプレーの面白さ

一方で、エンジニアにとってのチームプレーの面白さは、同時に苦しさでもあるでしょう。

●完璧を要求される
●システムによっては大きな社会問題になる

●チームプレーのストレス
●時として単純作業の苦しさ

このように、エンジニアは楽しい反面、心労の多い厳しい仕事であることも間違いありません。多くのITエンジニアが心の病を抱えているといわれています。納期があり、技術進歩が速く、勉強することが多く、高い品質を要求され、それでも開発プロジェクトで問題が発生すると、しわ寄せは現場のプログラマに来てしまいます。開発プロジェクトで発生した問題の原因は、ビジネスの都合だったりするのです。きっと、皆さんの中にも、急に新しいプロジェクトに配属されて、「明日から設計をよろしく」といった無茶な仕事をお願いされた人もいることでしょう。

しかし、苦しさもありますが、多くの人にとっては喜びのほうが大きいはずです。繰り返しになりますが、エンジニアのキャリアは楽しいものです。実際、エンジニアのモチベーションと生産効率や成功には関係があるという考え方もあります。トム・デマルコ氏は、「ピープルウエア注1-3」という考え方を提唱し、人間本位のシステム開発を行うことを勧めています。

プログラマは楽しいのです。モノ作りは楽しいのです。このモノ作りの楽しさは非常に大事なものだと思います。話が大きくなってしまいますが、これまでの日本の経済を支えてきたのもモノ作りの気持ちですし、これから先も必要なはずです。資源も国土も人口も大きくはない日本が、今後の世界経済でどのように競争していくかを考えれば、ITを軽視することはできないはずです。ところが、実際には多くの人、特に経営者の方にはその点がご理解いただけていないようです。オフショア開発が増えた理由の1つも、そこにあると思います。また、アウトソーシングという名前で、システム開発会社への丸投げも行われています。これは、日本の技術力が海外に流出し、国内の技術力が低下するだけでなく、個々の企業においても同じことが起きているのです。つまり、技術力の低下と社外への流出です。基本的なシステムのプログラミングや設計ができずして、どうやってIT立国が成り立つのでしょうか。

注1-3：詳細は、書籍『ピープルウエア 第3版』（ISBN：9784822285241）を参照してください。

エンジニアの価値

　皆さんも、オフショアという言葉を聞いたことがあると思います。これは、英語で言うと「Offshore」、つまり「海外で」という意味です。オフショア開発といえば中国やインドといった海外のシステム開発会社に開発を発注することを指します。ではなぜ、オフショア開発を行うのでしょうか。言うまでもなく、海外で開発するほうが人件費が安いので、開発費全体も安くなるからです。この背景には、エンジニアの生産性を計測するのが難しいことがあります。価格が安くても生産性が低ければ意味がないこともあるのですが、価格は定量的に比較できるのに対して、生産性がわからないために判断が難しくなります。結局、生産性の個人差を無視した人月という価値基準が使われてしまいます。人月で見れば、価格の安いオフショアが有利というわけです。

　さて、実際にエンジニアとして活動をしていると、優秀なプログラマと仕事をする機会があります。彼らの生産性（この言葉の定義も曖昧ですが）は、通常の人の数倍もあることを実感します。また、システムの品質もプログラマの優劣によって大きく異なります。障害を発生させないことの価値を計るのは難しいのですが、障害が発生した時の損害はわかりやすいかもしれません。残念ながら、現時点ではエンジニアの価値というものは、定量的に測ることができません。さらに残念なことは、IT業界の中の人たちが人月を当たり前だと思っていて、優秀なエンジニアによる高付加価値を無視していることです。そのことのアンチテーゼとして、アジャイル開発方法論はエンジニアによる高付加価値を前提にしています。アジャイル開発方法論に関しては後述します。

エンジニアのキャリア

　さて、これまでエンジニアやプログラマといった言葉を特に説明せずに使ってきました。ここで、IT業界における一般的な職種を考えてみましょう。

　これから先、皆さんは何になりたいでしょうか？　プロジェクトマネジャーでしょうか。ITコンサルタントでしょうか？　アーキテクトでしょうか？　もちろん、日々の仕事を一生懸命こなすことも重要です。そうやって日々を送ることで、気が付いたら出世していることもあります。しかし、有限の時間で継続的に勉強を続けるためには、何らかのビジョンがあったほうがよいかもしれません。

　IT業界における一般的な職種を次に挙げてみます。

①プログラマ
②システムエンジニア
③プロジェクトリーダー
④プロジェクトマネジャー
⑤アーキテクト
⑥スペシャリスト
⑦コンサルタント

　①②③④は以前からある職種です。⑤⑥⑦は最近注目され始めている新しい職種です。多少、呼び方が違うこともありますが、概ねこのような分類になります。少し補足をしますと、システムエンジニアというのは、システム開発会社においてユーザー企業と要件定義を行って仕様をプログラマに渡す役割です。システムエンジニア自身が開発にかかわることもあります。プロジェクトリーダーは、最近ではテックリードと呼ばれることが多いです。他

にリードエンジニアと呼ばれることもあります。テックリードはプログラマなどの開発チームをまとめる役割で、開発の流れを整備したり、コードの品質を担保するための仕組み作りを行います。テックリードがプログラマの不安や疑問を解消することで、開発チームのパフォーマンスは向上します。テックリードは自身も開発をするプレイングマネジャーであることが特徴です。

　システム開発の上流に行きたいと思っている人も多いようです。あまり良い言葉とは思いませんが、システム開発において上流や下流といった表現があります。下流というのは実際にシステム開発を行うことで、「設計」「実装」「テスト」「移行」「運用」を指します。上流というのは「IT戦略の策定」「業務分析および改善」「システム企画」「要件定義」などを指します（**図1-1**）。要件定義は、上流ではなく中流だという人もいます。上流や下流というのは個人的には嫌なのですが、システム開発を川の流れに例えた表現なのだろうと思います。

図1-1：システム開発の流れ

　エンジニアが上流を志向することは良いことだと思います。開発をしていれば「もっと要件定義や基本設計をうまくやれば良いシステムが作れるのに」と思うのはよくあることです。そうであれば、自分でも上流の勉強をして良いシステムを作りたいと思うのは当然です。ただ、上流といっても、要件定義は下流の知識と経験がなければできません。また、要件定義よりもさらに上流となると、ITとは違うスキルが必要になります。

エンジニアのキャリアパス

エンジニアにはさまざまなキャリアがありますが、どのキャリアでも何らかの企業に所属することになります（もちろん自分で会社を設立する方法もあります）。ひと口でIT業界といっても、そのビジネスには次のような種類があります。

＜システムおよびノウハウを提供する＞
●**システム開発会社**
●**コンサルティングファーム**

＜自社でシステムを開発する＞
●**パッケージ開発会社**
●**ユーザー企業の情報システム部門**
●**インターネットサービス事業会社**

システム開発会社とコンサルティングファームは、ITの専門集団です。システム開発会社はシステムを開発して提供します。コンサルティングファームはノウハウを提供します。よく言われるSIerは、システム開発会社に含まれます。システム開発会社とコンサルティングファームであれば、顧客との交渉力や提案力が必要になりますので、それらのスキルを伸ばすことができます。

また、パッケージ開発会社、ユーザー企業の情報システム部門、インターネットサービス事業会社は、自社のビジネスのためにシステムを開発します。パッケージ開発会社は、商品であるパッケージを開発します。ユーザー企業の情報システム部門は、事業を行うためのシステムを開発します。インターネットサービス事業会社にとっては、システムが商品であり、事業そのものかもしれません。システムを自社開発する場合には、企画力や運用力が必要になります。自社開発では、どのようなシステムを作るのかを自分たちで決める必要があります。また、開発したシステムも自分たちで運用することになります。

設計をバカにすることなかれ

設計を行うのは、けっこう難しいものです。業界歴10年を過ぎているような人でも、きちんとした設計は意外とできないものです。その人たちを見ていると、ITの知識は十分に持っています。頭も悪くありません。理解力もあります。非常に優秀なのです。ただ1つ欠けているものがあります。それは、システムの品質というものをきちんと理解していないということです。

大きなシステム開発をやったことがある人なら、システムの品質を高めることがいかに難しいかがおわかりいただけるでしょう。テストだけでは品質が上がらないことは、肌身にしみているはずです。そういう人は「品質は作り込むものだ」という先人の知恵を理解しています。この言葉には非常に含蓄があり、テストをする前から品質は決定していることを意味します。プログラミングや設計の段階で、システムの品質は決定しているのです。設計スキルというと特別なもののように聞こえますが、最終的には適切なプログラムを書くための方法論に過ぎません。設計ができる人はプログラムもきれいに書くことができるのです。その意味では、リファクタリング注1-Aはプログラミング手法の1つと考えられがちですが、実は設計手法の1つと考えることもできます。

注1-A：プログラムの外部から見た動作を変えずに、ソースコードの内部構造を整理すること。

　エンジニアのキャリアパスを**図1-2**に示します。このキャリアパスは必ずしも正しいわけでも、実際のエンジニアがこのようなパスを経て成長するわけでもありません。あくまでもイメージと思ってください。

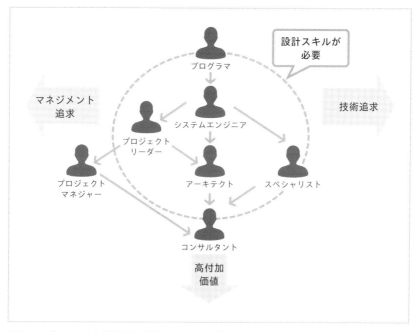

図1-2：プロジェクト関係者と設計スキルが必要な範囲

　本書で説明する設計は、多くのキャリアで必要です。この図には、設計スキルが必要な範囲を破線で示しています。ご覧のように、ほとんどのキャリアで設計スキルが必要なのです。

第2章 設計の目的

> 本章から第4章までは「設計編」と題し、システムの外部設計と内部
> 設計を取り上げます。本章で説明するのは外部設計です。まずは、設
> 計の具体的な手法を説明する前に、設計の目的を確認します。そのうえで、開
> 発プロジェクトや開発プロセスの中での設計の位置付けを説明します。さら
> に、良くない設計の例なども交えつつ、外部設計の具体的な進め方を解説し
> ます。

何を設計するのか

　本章からは、本題である設計について説明していきます。設計ができるよ
うになるには、設計とは何かを知る必要があります。世の中には、設計に関
する書籍がたくさん出回っています。最近では、オブジェクト指向設計に関
するものが多いようです。書店に行くと、「オブジェクト指向」「UML」「ユー
スケース」といった文字が目に留まります。他にも、「アーキテクチャ」「デ
ザインパターン」「フレームワーク」などもよく見かけるでしょう。これか
ら設計を学ぶ皆さんは、学ぶことが多くて大変だと思うかもしれません。

　設計ができるようになるには、設計がわかっているだけでは足りません。
ハードウェアやネットワーク、OS、ミドルウェアなどの幅広い知識が必要
です。確かに、HTTPの意味がわからなくても、HTMLとPHPがわかってい
れば、ある程度のWebシステムを開発することはできるでしょう。しか
し、それは動くだけのシステムであり、実用に耐えられるようなパフォーマ
ンスやセキュリティ、機能を満たすことは難しいはずです。だからといっ
て、焦ってはいけません。幅広い知識を身に付けるには、基本が必要です。

　すでに述べたように、設計とは広い意味を持つ言葉です。私たちは一体何
を設計するのでしょうか？　設計とは何かを知る前に、何を設計するのかを
整理しましょう。

設計の対象

コンピュータの世界で設計といった場合、さまざまなものが対象となります。例えば、

- ●システム設計
- ●ソフトウェア設計
- ●アプリケーション設計
- ●ネットワーク設計
- ●データベース設計
- ●アーキテクチャ設計
- ●移行設計
- ●運用設計

などが挙げられます。

これらの意味と、それぞれの違いがわかるでしょうか? 必ずしも標準的で明確な定義があるわけではありません。ここでは、一般的に使われる定義を紹介します。

まず、システム、ソフトウェア、アプリケーションという用語に着目します。この中では、システムがいちばん大きな概念です。システムは、ネットワーク、ハードウェア、ソフトウェアを含めた、何らかの価値を提供する仕組み全体を指します（**図2-1**）。

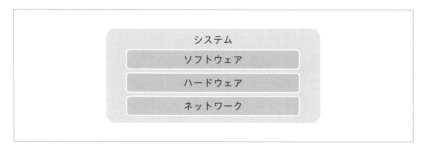

図2-1：システムという言葉の意味

システムの構成要素を**図2-2**のようなスタックで表現してみます。スタックは、下から上に積み上げられています。下に行くほど低レベルな基礎技術です。上に行くほどシステムの利用者にとって付加価値の高い機能を提供する技術です。

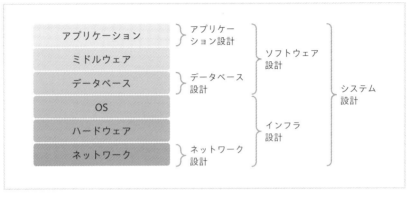

図2-2：システムのスタック

下層のネットワーク設計では、購入するネットワーク機器やハードウェア機器をどのように構成するかを検討します。本格的な企業システムでは、機器を販売する会社に構築を含めて依頼することが多いでしょう。ハードウェアの選択と同時にOSも選択することが多いので、下層の3つ、すなわちネットワーク、ハードウェア、OSをあわせてインフラ設計と呼ぶことがあります。インフラとはインフラストラクチャの略です。図2-2にはハードウェア設計がありません。ハードウェアは、メーカーの出荷時に完成されているので、設定（コンフィグレーション）することはあっても設計することはないからです。その意味で、図2-2はシステム開発会社にとってのスタックとなります。

最近ではインフラとしてクラウドが活用されています。クラウドの主要なものとして、AWS（Amazon Web Services）、Microsoft Azure、Google Cloud Platformなどがあります。クラウドを利用すればハードウェアを購入する必要がありません。ハードウェアはクラウドベンダーが管理するデータセンターにあり、インターネットなどのネットワーク経由で接続します。ハードウェアはすべて仮想化されて利用者からは意識することはできませ

ん。クラウドに対して、従来のハードウェアを運用することをオンプレミスといいます。クラウドの主な利点は、ハードウェアを購入する必要がないので初期費用を抑えられることや、仮想サーバーの増設や仮想ディスク容量を増やすことが容易でスケールアップやスケールアウトが簡単に行えることです。サービスによっては自動的にスケールアップしてくれるものもあります。オンプレミスでは大変だったサイジングがとても楽になるのは魅力です。クラウドの欠点は、クラウドベンダーの都合で仕様が変更されることや、サービスが停止することがあることです。また複数の利用者が同じ環境を利用することもあるので、他の利用者が負荷をかけるとサービス全体の性能が落ちることもあります。

　大事なことはクラウドを利用するとしても、システムのスタックの考え方は変わらないということです。クラウドになってもインフラ設計は必要であり、OSやサーバーやネットワークの知識がなければ設計できないということです。

　インフラの上には、データベース、ミドルウェア、アプリケーションがあります。データベース設計には、データベース製品の選定やデータベースファイルの設計、データベースのテーブルの設計などが含まれます。これらの設計では、要件を満たすためのパフォーマンスやサイジングを考慮します。

　最近では、システム開発にミドルウェアを利用することが当たり前になりました。ミドルウェアとは、Webサーバー（Apache HTTP Serverやnginxなど）やWebアプリケーションサーバー（TomcatやJettyなど）、ビッグデータのための分散コンピューティングのApache Sparkなどです。クラウドがミドルウェアに該当するものをサービスとして提供することも数多くあります。AWS Lambdaはサーバレスコンピューティングのためのインフラと統合されたミドルウェアに位置付けられると考えられます。ミドルウェアの役割は多岐にわたりますが、いずれも多くのアプリケーションで必要になるような基本的な機能を提供します。具体的には、HTTPのようなネットワークプロトコルの実装、マルチスレッド管理、データベース接続を含めたトランザクション機能などを提供します。ミドルウェア製品は、ミドルウェアメーカーの出荷時に完成されているので、設定（コンフィグレーション）することはあっても、ミドルウェア自体を設計することはありません。

　アプリケーションは、システムの利用者にとって付加価値のある機能を提

供します。図2-2に示したミドルウェア以下のスタックは、何らかの既製品を購入して設定や構成をすると動作します。アプリケーションも、ERP（Enterprise Resource Planning）のようなパッケージを利用することもできれば、ゼロから開発することもできます。パッケージによっては、ミドルウェアやデータベースを内部に持つものもあります。データベース、ミドルウェア、アプリケーションの設計を総称してソフトウェア設計と呼びます。ソフトウェア設計にOSを含めることもありますが、前述したとおり、OSはインフラ設計に含めるのが通常です。本書のテーマである設計の範囲は、この「ソフトウェア設計」です。

スタックとプロダクトの関係

図2-3に、設計の範囲とそれをカバーするプロダクトの一例を示します。これをもとに、スタックおよび設計の意味を確認していきましょう。

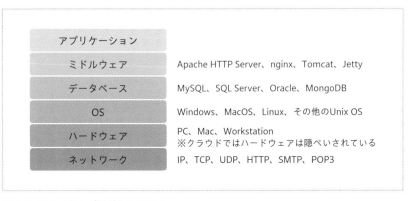

図2-3：スタックとプロダクトの関係

アプリケーション設計

まず、いちばん上のアプリケーションは、皆さんが開発する部分だったり、特定の業務パッケージだったりします。これはさまざまなので、図2-3

では空欄にしています。

アーキテクチャ設計

アーキテクチャという言葉は、「設計の基本構造」という意味です。したがって、さまざまなものにアーキテクチャがあります。ネットワークにも、ハードウェアにも、OSにも、データベースにも、ミドルウェアにもアーキテクチャはあります。ただ、これらのアーキテクチャには、アプリケーションを開発する側はあまり関心がありません。各プロダクトのメーカーの人や、組込みシステムのような低レベルなプログラミングをする人にとっては重要ですが、アプリケーションの開発者にとっては興味の対象ではないのです。アプリケーションの開発者にとって重要なのは、次の3つのアーキテクチャです。

- ●アプリケーションアーキテクチャ
- ●ソフトウェアアーキテクチャ
- ●システムアーキテクチャ

先ほどのスタックに照らし合わせると、**図2-4**のようになります。本書が対象とする範囲は、このうち「ソフトウェアアーキテクチャ設計」です。

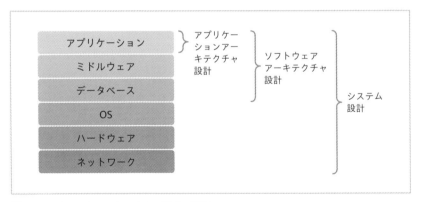

図2-4：スタックとアーキテクチャ設計の範囲

低レベルのアーキテクチャ

　厳密にいえば、現在でもハードウェアのアーキテクチャにソフトウェアの設計は影響されます。32ビットCPUであれば4GBまでのメモリしか理論上は使えません。昔の16ビットCPUであれば64KBまでのメモリしか理論上は使えませんでした。実際には、OSによって拡張が行われ、16ビットCPUでも1MBまでメモリが使えるようになっていました（こんな話は飲み会の席で先輩から聞かされているかもしれませんね）。

　今でも、ファイル操作や、ネットワークに関する処理を記述する場合は、Javaのようなマルチプラットフォームの言語でも、どのプラットフォームで動作するシステムなのかによって気を付けるべきことがあります。例えば、ファイル操作であれば、WindowsとLinuxではファイルロックの取得方法と効果が異なります。

　ハードウェアやOSはスタックの下層にあるので、低レベルのアーキテクチャと呼ばれます。OSやミドルウェアやプログラミング言語の進歩により、低レベルのアーキテクチャを意識することは減りましたが、これらの低レベルのアーキテクチャを知っていることは、設計者にとって重要です。CやC++のプログラマにとっては、今後も必須の知識です。インテルの8086系（現在のPentium系）CPUの原理や、Linuxのファイルシステムなどについては、ぜひ勉強するとよいでしょう。ここでは、その勉強をする際に役立つ良書を紹介しておきます。

『はじめて読むマシン語──ほんとうのコンピュータと出逢うために』
（村瀬康治著、ISBN：9784871487184）
『はじめて読むMASM──ソフトウェア環境のからくりを学ぶ』
（蒲地輝尚著、ISBN：9784871483131）
『はじめて読む486──32ビットコンピュータをやさしく語る』
（蒲地輝尚著、ISBN：9784756102133）

移行設計

設計とは、システムを開発するためだけに必要なものではありません。開発したシステムを本番環境に移行する際にも、設計が欠かせません。この設計を「移行設計」と呼びます。

移行設計は、開発が完了したシステムを既存システムに代わって本番環境で動作するように配置し、データなどを準備するための設計です。新しくシステムを開発した場合には問題になりませんが、稼働している既存システムがあり、あるタイミングで既存システムから新システムに動作を切り替える場合には、移行設計を入念に検討する必要があります。本書のテーマはシステム開発のための設計なので、移行設計については詳しく述べませんが、ポイントだけを簡単に説明します。

移行作業は非常に難しいものです。既存システムへの影響を最小限に留めながら、本番環境に新システムを配置し、サービスインと同時に正常に動作するようにします。いちばん難しいのは、データベースに格納されているデータを移行することです。既存システムが直前まで動いている場合は、その最新のデータを新しいデータベースにインポートすることになり、この操作にミスがあるとデータが消えてしまったり、間違ったデータが本番環境のデータベースに入ってしまったりといった致命的な状況になることがあります。本番データは量が多いので移行の時間もかかり、ミスを挽回する時間も多くはありません。この移行作業の手順を検討するのが移行設計なのです。

移行設計でも、スタックの考え方が利用できます。当然かもしれませんが、スタックの多くの構成が変わらなければ、移行作業は簡単に済みます。また、変更がスタックの中に閉じていれば、影響も少なくなります。例えば、ネットワーク、ハードウェア、OS、データベースの構成が既存システムと同じであれば、アプリケーションとミドルウェアだけを新しいものに移行し、データベースはデータだけを移行すれば済みます。データベース製品のバージョンやテーブルの構成などが変わらなければ、データの移行も大きな問題なく完了できるでしょう（**図2-5**）。

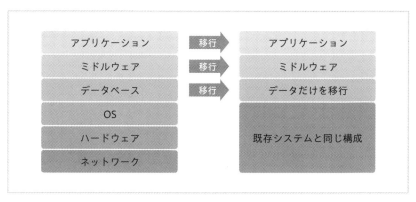

図2-5：移行設計のイメージ

　データベースのテーブルの構成を変えなければならない状況もあります。テーブルやカラムが追加になるだけならよいのですが、カラムの名前や型が変わったり、カラムがなくなったりすると、移行は簡単ではありません。その場合は、移行プログラムを作成し、プログラムでデータを加工しながら新しいデータベースに登録していきます。移行プログラムにもさまざまな方式があり、一度にすべて移行するものや、段階的に移行するものがあります。

　移行プログラムを開発するのは、方法としてはベタですが、これが一般的なやり方です。それ以外にもデータベースのレプリケーションを作成したり、既存システムを使って、新旧両方のデータベースに書き込ませたりする方法もあります。新旧両方のデータベースに書き込ませるには、改修が必要となります。

　どのような移行方法を選択するかは、そのシステムの使われ方や稼働状況によって決まります。移行作業には、実際にリハーサルをやってみないとわからない問題があるものです。できるだけ本番に近い環境で、何度もリハーサルを行いましょう。移行作業時間を計測し、移行作業手順を見直しましょう。

運用設計

移行設計の次は、運用設計です。

運用設計では、移行が完了したシステムをどのように運用するのか、障害が発生した時にどのように対処するのかを設計します。トランザクションとデータの整合性や、フェールオーバーのためのクラスタリング、身近なところではログの出力方法など、ソフトウェア設計と運用設計が密接に関連する部分があります。

この運用設計も、本書の説明範囲ではありませんので、ソフトウェア設計と関連する部分を中心にポイントだけを説明します。

システムの運用は、「正常運転→障害対応→フィードバック」のサイクルで行われます（**図2-6**）。それぞれの段階で主に行うことは、**表2-1**に示すとおりです。

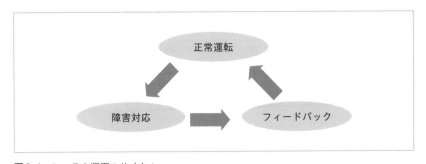

図2-6：システム運用のサイクル

表2-1：各段階で実施する主な作業

種類	作業
正常運転	維持、障害予防、障害監視、バックアップ
障害対応	障害通知、分析、修正、リカバリー、起動・停止、経過観察
フィードバック	業務見直し、設備見直し、人員見直し、マニュアル見直し

運用設計の中で、ソフトウェア設計と関係が強いものを次に示します。

- ●障害を監視するためのログ出力、ヘルスチェック方法の提供
- ●フェールオーバーのためのクラスタリングなどのシステム構成
- ●バックアップおよびリカバリーを行うためのミドルウェアやデータベースの選定
- ●リカバリーを行うためのデータの完全性を保つ設計（トランザクション、バックアップファイルなど）
- ●障害を分析するためのログ出力、システムダンプの提供
- ●簡単な起動・停止方法の提供

多くのシステム開発では、運用設計は開発プロジェクトの後半で行われます。開発プロジェクトの前半は、要件定義や設計で忙しいこともあり、要件定義や設計が終わらないとどのようなシステムになるのかがわからず、運用設計を行いにくいのが理由です。しかし、前述したようなソフトウェア設計に密接な運用設計の観点もあり、これらがソフトウェア設計が終わってから検討されるのは良くありません。できればソフトウェア設計が完了するまでに、運用設計の中でソフトウェア設計に関連する部分だけでも検討するようにしましょう。

以上が、システム開発会社の視点で見た時の、システム開発に関する設計についての説明です。また、その中から本書で扱う「設計」についても説明しました。繰り返しますが、本書で扱う設計は次の2つです。

- ●ソフトウェア設計
- ●ソフトウェアアーキテクチャ設計

さらに、どのような用途で使うシステムなのかによって、設計方法も変わってきます。組込みソフトウェアとクライアント／サーバー型、クライアントアプリケーションとWebアプリケーションでは、基本的な設計の考え方は一緒でも、具体的な手法までは同じではありません。本書では、ある企業の業務用のWebシステムを開発することを前提に、設計の実践的な手法を説明していきます。

上下と高低

　IT業界では、上流・下流や高レベル・低レベルといった用語が使われます。上流・下流はシステム開発の開始から完了までの流れの中での位置を示しています。高レベル・低レベルというのは、スタックやレイヤーにおける上か下かの位置を示しています。下流や低レベルと言われてしまうと、何やらバカにしているように聞こえるかも知れませんが、まったくそのようなことはありません。単なる位置の問題なのです。

開発プロジェクトの進め方

　基本的に、システム開発はプロジェクトチームを結成して行います。開発プロジェクトは、「○○システムの完成」のような何らかの目的を達成するために、さまざまなスキルを持った人が集まり、それぞれ得意分野のスキルを発揮してチームとして開発を進めていきます。開発プロジェクトチームは、開発完了と納品・検収といった開発プロジェクトの目的を達成すると解散します。開発プロジェクトチームは、1つの目的のために一致団結する期間限定のスペシャルチームです。開発プロジェクトは、エンジニアにとってもお互いに刺激を与え合うことができ、実践の中で成長できる場です。

　開発プロジェクトチームに目的を与え、成果物を受け取るのが開発プロジェクトのオーナーです（**図2-7**）。ある企業のシステムを開発するのであれば、そのユーザー企業の責任者が開発プロジェクトのオーナーになるでしょう。開発プロジェクトのオーナーは、システム開発の予算権限も併せ持

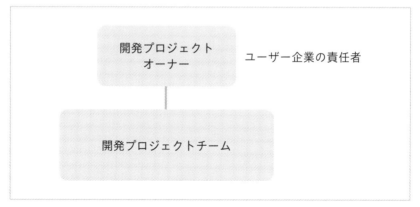

図2-7：オーナーとプロジェクトチームの関係

つでしょうから、それなりの立場の人が務めます。ユーザー企業の部長、本部長、取締役、社長などです。

　本書では、システム開発会社のエンジニアが、ユーザー企業のシステムを開発するケースを想定しています。もし皆さんがユーザー企業の情報システム部門に所属しており、自社システムを開発する立場であれば、ユーザー企業を自社と読み替えてください。

　開発プロジェクトには、プロジェクトマネジャーがいます。プロジェクトマネジャーは、開発プロジェクトを統括する開発プロジェクトの最終責任者です。プロジェクトマネジャーは、開発プロジェクトの計画を策定し、計画に沿って実行し、実行結果を評価・管理します。プロジェクトマネジャーは、システム開発会社から選出することもあれば、ユーザー企業から選出することもあります。ユーザー企業からプロジェクトマネジャーを選出する場合は、ユーザー企業が開発に深くかかわることを意味します。

　プロジェクトマネジメントの標準であるPMBOK（Project Management Body of Knowledge）では、プロジェクトマネジャーが考えるべきプロジェクト・パフォーマンス領域を次のように定義しています。

●ステークホルダー
●チーム
●開発アプローチとライフサイクル
●計画
●プロジェクト作業
●デリバリー
●測定
●不確かさ

　プロジェクトマネジャーは、プロジェクトの計画だけでなく、実行の総責任者でもあります。実行時にもPMBOKの知識領域を使ってプロジェクトの状況を把握し、必要な手段を講じていきます。プロジェクトマネジャーは、ユーザー企業やプロジェクトチームのメンバーなど、さまざまな人々の間で調整を行います。高いヒューマンスキルが要求される職種です。プロジェクトマネジャーは、単にベテランエンジニアが行うのではなく、プロジェクト

マネジメントの専門知識を持った人が行う専門職なのです。

プロジェクトマネジャーのもとには、プロジェクト計画に沿ってメンバーが配置されます。例えば、次のようなスキルを持った人たちです。

- ●プログラマ
- ●プロジェクトリーダー
- ●システムエンジニア
- ●アーキテクト
- ●スペシャリスト
- ●コンサルタント

PMBOK

アメリカの非営利団体であるPMI（Project Management Institute）が策定した、プロジェクトマネジメントの知識体系です。

従来のプロジェクトマネジメントでは、QCD（品質、コスト、納期）の3つの視点でプロジェクトを管理していました。しかし、QCDではシステム開発を結果だけで評価しがちです。それに対して、PMBOKでは8つのプロジェクト・パフォーマンス領域でプロジェクトの計画、実行、管理を行います。QCDに比べてバランスの良いマネジメントができます。また、従来の経験と勘に頼ったプロジェクトマネジメントではなく、標準化された指標に沿った近代的なマネジメントが行えます。PMBOKは、これからのプロジェクトマネジメントに必須の知識です。

なお、PMIはプロジェクトマネジメントの認定制度である「PMP（Project Management Professional）」を運営していますので、興味のある方はチャレンジしてみてください。

開発プロジェクトによっては、数人のものから数百人のものまでメンバーの人数もさまざまです。大規模な開発プロジェクトでは、プロジェクトをいくつかに分割してプロジェクトリーダーを配置することもあります。プロジェクトリーダーの役割は、プロジェクトマネジャーの指示のもとで、配属されたメンバーに指示をしながらプロジェクトを実行することです。

　大規模プロジェクトであれば、PMO（Project Management Office）を設置します。PMOは、複数人でプロジェクトマネジャーに相当する役割を担います。

　システムエンジニアをプロジェクトリーダーのもとに配置することで、要件定義から開発までを行うことができます。ただし、システムエンジニアという職種名は、最近では以前ほど使われなくなっています。システムエンジニアという職種の範囲が曖昧で広すぎるためです。従来のシステムエンジニアは、要件定義、開発、テスト、移行、運用までをすべて行うスーパーエンジニアでした。確かに人間としていろいろな役割を兼ねられるゼネラリストは重要ですし、昔は優秀なシステムエンジニアもたくさんいました。しかし現在は、ホストコンピュータの時代よりも、技術知識が高度で多様になってきています。最近では、もっと専門化・分業化が進んでいます。システムエンジニアが持つ役割の中でも、オブジェクト指向分析を行う人をモデラーと呼ぶこともあります。

　さらに、最近のプロジェクトでは、開発プロジェクトにアーキテクトを配置することが多くなりました。アーキテクトは、アーキテクチャを設計したり、開発プロジェクトの技術的なリスクをプロトタイプ開発で検証したりします。また、他のプログラマに対する技術的な指導をすることもあります。

　開発プロジェクトチームにユーザー企業の担当者を入れることで、プロジェクト運営が円滑に行われることがあります（**図2-8**）。プロジェクトに加わるのは、業務に詳しい業務担当者や、ユーザー企業の既存システムに詳しいシステム担当者です。

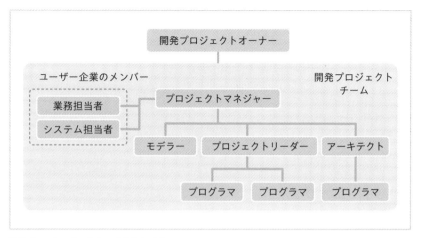

図2-8：プロジェクトの体制図の例

　モデラーやアーキテクトは専門職ですが、プロジェクトリーダーとプログラマは幅広い役割を担います。開発プロジェクトの序盤であれば、モデラーが要件定義を行うのを支援したり、中盤であればアーキテクトがアーキテクチャやプロトタイプを開発するのを支援したり、後半であれば各機能の設計、開発、テストを行います。

設計は誰がやる？

　ところで、これまでの話では、本書の主役である設計者が出て来ていませんね。一般的な職種としては設計者というものはありません。多くの場合、プログラマやプロジェクトリーダー、システムエンジニア、もしくはアーキテクトが兼ねる役割です。システム開発全体から見ると、設計というのが一部でしかなく、しかもその後の実装作業と密接に関係するので、設計者と実装者をあわせて開発チームにしてしまいます。よって、設計者というのはさまざまな職種の人の役割の1つだと思ってください（**図2-9**）。

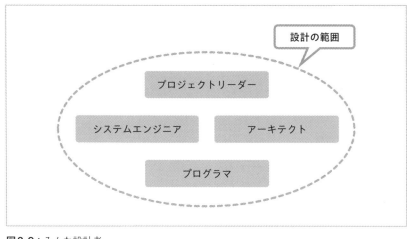

設計の範囲

プロジェクトリーダー

システムエンジニア　　アーキテクト

プログラマ

図2-9：みんな設計者

開発プロセスの選択と進行

次に、開発プロセスの話をします。

設計も、開発プロセスの一部です。開発プロセスとは、システム開発における作業の手順や成果物、開発プロジェクトの運営方法を定義したものです。開発プロセスを選択・定義するのもプロジェクトマネジャーの仕事の1つです。

開発プロセスと設計は密接に関連しています。どのような開発プロセスを選択するかで、設計の手法も変わります。開発プロセスを選択するのはプロジェクトマネジャーでしょうから、設計者としては彼らに任せるしかありません。とはいえ、設計の方法に影響があるので無関心でもいられません。

現在、開発プロセスの流派は、大きく3つに分類できます（**表2-2**）。

表2-2には、代表的な開発プロセスだけを示しています。実際には、ウォーターフォールのようなオブジェクト指向開発もあれば、アジャイル開発の中にもオブジェクト指向開発を取り入れたようなものもあるので、簡単には語れません。

表2-2：代表的な開発プロセス

開発プロセス	概要
ウォーターフォール開発	昔からある開発プロセス。要件定義→設計→実装→テストを基本的に1回の流れで行う。各工程が完了してから次の工程に進む 　要件定義　設計　実装　テスト
オブジェクト指向開発 （スパイラル開発）	1回の流れで開発するのではなく、イテレーションやスパイラルと呼ばれるサイクルを回すことで開発を進める。さらに、オブジェクト指向設計やオブジェクト指向プログラミングを取り入れる。オブジェクト指向開発の代表例として、RUP（Rational Unified Process）などがある 　イテレーション　イテレーション　イテレーション
アジャイル開発	オブジェクト指向開発と同じようにイテレーションのサイクルを回すことで開発を進める。ただし、そのサイクルは数週間というように非常に短い。サイクルを短くするため、コミュニケーションを重視することで設計の重みを大きく減らしていく。アジャイル開発の代表例として、XP（eXtreme Programming）、Scrum、Crystal Clear、FDD（Feature Driven Development）などがある 　イテレーション　イテレーション　イテレーション 　　イテレーション　イテレーション

ウォーターフォール開発の問題点

　ウォーターフォール開発の問題点は、各工程が終わらないと次の工程に進めないということです。

　最近のシステム開発では、以前よりも不確実な要因が増えています。ビジネスのスピードは相変わらず速いのですが、システムに対する期待値は高まっています。よって、要件や外部仕様を確定することが難しくなっています。利用するハードウェアやOS、ミドルウェアなども、以前はほとんど同じインフラを使っていたでしょうが、最近はプロジェクトごとに異なるのが普通です。利用するプログラミング言語も進歩が速く、バージョンが同じということは滅多にありません。このように不確実な要因が多いと、ウォーターフォール開発の特徴である「完成された設計」にはいつまで経っても辿り着けません。

インクリメンタル開発とイテレーティブ開発

　前述したとおり、ウォーターフォール開発の欠点は、各工程が完了しないと次の工程に進めないことです。この欠点を改善するのが、イテレーションという開発サイクルを繰り返す方法です。

　ウォーターフォール開発では、開発の流れが1回しかないので、各工程を完成させないと次の工程に行けません。例えば、設計が完成していない機能があった場合に実装工程に進んでしまうと、その機能は二度と設計も実装もされなくなります。そこでイテレーションを回せば、今回のイテレーションに間に合わない機能でも、次のイテレーション計画に盛り込むことができます。無理やり工程を終わらせる必要がなくなるのです。

　イテレーションを回すことをイテレーティブな開発と呼ぶこともありますが、似たような言葉でインクリメンタルな開発というものもあります。どちらも開発サイクルを回しながら開発を進めますが、厳密にはイテレーティブ開発とインクリメンタル開発は異なります。インクリメンタル開発では、サイクルのたびに異なる部分を開発します。一方、イテレーティブ開発では、同じ部分も修正して品質を向上させていきます。

　インクリメンタル開発は、スケジュールを立てやすいのが特徴です。一度に開発する部分を1つのサイクルとして計画すれば、全体で何回イテレー

ションを回せばよいのか計算すればわかります。品質を考えると、同じ部分の修正も必要になるでしょうから、イテレーティブ開発の側面も必要になります。よって、インクリメンタル開発を主軸としてイテレーティブ開発の特徴を取り入れていくのがよいと筆者は思います。

アジャイル宣言

　「アジャイル宣言」は、ケント・ベック氏、アリスター・コバーン氏、マーチン・ファウラー氏などにより、ソフトウェア開発に関するより良い方法を期して発表されたものです。その宣言（https://agilemanifesto.org/）には、次のようなことが書かれています。

● Individuals and interactions over processes and tools：
　プロセスやツールよりも、個人と相互作用
● Working software over comprehensive documentation：
　包括的なドキュメントよりも、動作するソフトウェア
● Customer collaboration over contract negotiation：
　契約交渉よりも、顧客との協調
● Responding to change over following a plan：
　計画に従うよりも、変化に応じる

　この宣言を読むと、価値の高いシステムを素早く提供するために、必要な具体的行動を迷わず行う姿勢が感じられます。能書きはいいから動くソフトウェアを作りましょう。これは、開発プロジェクトで何か問題が発生すると、技術ではなく、交渉で乗り切ろうとするシステム開発側の姿勢に対するアンチテーゼかもしれません。アジャイル宣言を実行することは、システム開発側にとっても変革を必要とするものです。
　このように、アジャイルの理想は高いものですが、「アジャイル」という言葉だけが独り歩きし、きちんとした計画や要件定義、設計といったソフトウェアの品質に重要な作業を省略するための言い訳に使われるケースがあります。素早くシステムを作るのは良いことですが、品質が悪く、役に立たないソフトウェアを納品することはアジャイルではありません。

本書が前提とする開発プロセス

どのような開発プロセスでも、システム開発を行うには多数の作業（タスク）があり、それらの作業が順番に、あるいは並行して行われます。また、各作業には入力（IN）と出力（OUT）があり、出力である成果物は、その後の何かの作業の入力になります。これはどんな開発プロセスにも共通していえることです（**図2-10**）。

設計作業でも同じように、入力と出力に注目する必要があります。具体的には、次の点に気を付けます。

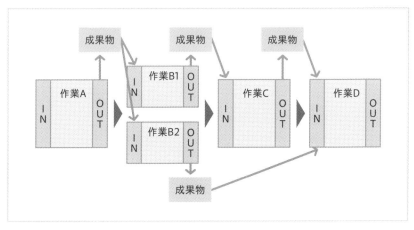

図2-10：作業の入力と出力

●設計の入力になる要件定義の成果物はどのようなものか
●設計の期間と範囲はどこまでか
●設計の出力である成果物はどのようなものか

設計者として設計を任された場合には、これらを真っ先に確認する必要があります。

本書を書くうえでも、説明の前提となる開発プロセスを決めておくことは、筆者にとっても読者の皆さんにとってもメリットがあります。本書は、

オブジェクト指向開発を前提にします。今さらウォーターフォール開発を前提にしても面白くありません。そうかといって、アジャイル開発を前提にするのであれば、XPやScrumといった具体的な開発プロセスを指定する必要がありますが、それでは本書の目的から離れてしまいます。

本書では、オブジェクト指向開発を採用し、**図2-11**のような開発プロセスを前提として説明していきます。各工程での作業は、**表2-3**に示すとおりです。

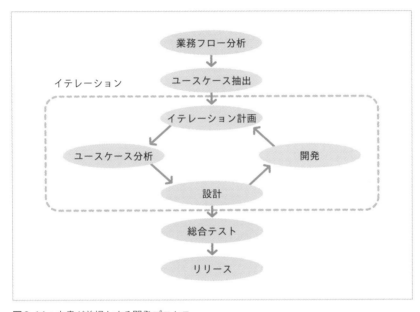

図2-11：本書が前提とする開発プロセス

表2-3：各工程での作業の概要

工程		概要
業務フロー分析		業務フローを作成する。これは、ユースケースを抽出するためなので、他の方法でユースケースが抽出できるのであれば、それでも問題ない
ユースケース抽出		ユースケースを抽出する。ここでは、業務フローから抽出することを想定する。ここでいうユースケースとは、システムユースケースのことを指す
イテレーション計画		抽出したユースケースからイテレーション計画を策定する。ユースケースの数、依存関係、重要度をもとに優先度を付けて計画にする。また、イテレーションがすでに開始されているのであれば、イテレーションの実績から計画を見直す
イテレーション開発	ユースケース分析	イテレーションに割り当てたユースケースに対して、シナリオなどのユースケース記述を書く
	設計	決定したユースケース記述に対して、外部設計を含めた設計を行う
	開発	設計に従って実装とテストを行う。また、開発の終了時に、顧客にイテレーション単位での部分リリースを行う
総合テスト		各イテレーションで開発したシステムを総合してテストする
リリース		システムをリリースする

　なお、図2-11および表2-3に示した方法が必ずしもいちばん優れているわけではありません。プロジェクトの状況によって何がベストかは変わると思います。特に上流工程は、どのようなビジネス課題や業務課題があるかによって分析の手法も異なります。

　図2-11と表2-3に示した開発プロセスの特徴は、次のとおりです。

- ●中小規模の開発
- ●リリースは最終のみ1回
- ●1つのイテレーションは4カ月程度
- ●イテレーションは3〜4回程度
- ●メンバーの多くはユースケース分析も開発も行えるスキルを持つ

経験のある人は、開発プロセスによってどのようなシステムを開発するのか、どのような開発プロジェクトチームが相応しいかがわかります。先ほど示した開発プロセスでは、業務フローの作成が1回で終わる程度なので、それほど大規模開発ではありません。イテレーションごとのテストは結合テスト程度なので、イテレーション単位で外部にリリースすることは考えていないようです。1つのイテレーションでは、ユースケース分析から開発完了までを行うので、規模にもよるのでしょうが、4カ月程度はかかるものと思います。中規模システムで1つのイテレーションが4カ月程度の場合、1年くらいで3〜4回のイテレーションを回しそうに思います。イテレーションの中でユースケース分析を行い、イテレーションが4カ月程度であれば、メンバーを入れ替えることは難しいでしょう。よって、ほぼ同じメンバーでユースケース分析から開発完了までを行うことになります。そうすると、ある程度スキルの高いメンバーを揃えることになるでしょう。

　ユースケース分析とオブジェクト指向設計については、次章以降で説明します。ユースケース分析は、要件定義として扱うのが一般的なようです。ただし、外部仕様を検討するという意味で、設計の一部として行うこともあります。また、この作業は重要ですので、本書の中でも詳しく説明します。

設計者の日常

　設計者の役割は「設計をすること」であるのは当然です。しかし、実際の開発プロジェクトで設計者に期待されることは、設計だけではありません。ある設計者の日常を見てみましょう。

　9:30　　出社、メールをチェック
10:00　　進捗ミーティング
10:30　　設計書を書く
11:30　　早めの昼食
13:00　　顧客先で打ち合わせ
15:30　　会社に戻る
16:00　　社内での設計ミーティング
18:00　　顧客との打ち合わせの議事録を書く
19:00　　設計書を書く
21:00　　帰宅
22:00　　遅めの夕食
24:00　　ブログや本で最新技術の勉強

　朝から晩まで頑張っていますね。この人は伸びるでしょう。週末はゆっくり休んでください。

　さて、この人は8時間労働として2.5時間の残業をしています。その内訳は、「設計書を書く」などの自分の作業時間が4.5時間です。ミーティングや移動などの時間が6時間あります。実に57%以上をミーティング関連に使っているのです。設計者といえば、1日のほとんどを設計作業をしているのかと思えば、そうではありません。ミーティングばかりしています。これは特別なケースではないでしょう。設計者は顧客から聞いた内容を整理するだけでなく、他のメンバーと共有する必要があります。プロジェクトマネジャーに対しては、設計作業の進捗を報告する必要があります。こうしたミーティングは、その名のとおり、顔をあわせて情報共有を行うことです。ミーティングもコミュニケーション手段の1つです。やはり、設計者を務めるにはコミュニケーションが重要なのです。

設計の目的とは

さて、肝心な設計の目的に話を移しましょう。設計の目的は、次のとおりです。

①要件定義の内容をシステムでどのように実現するかを検討する
②要件定義で明確になっていない外部仕様を検討する
③開発の関係者間で情報を共有する
④システムの品質を高める
⑤メンテナンスのために設計情報を残す

②として、「要件定義で明確になっていない外部仕様を検討する」ことを挙げているのは意外に思うかもしれません。「設計でも外部仕様を検討するの？」「外部仕様を決めるのが要件定義の役割でしょう？」という疑問がわくかもしれません。こうした疑問に答えるには、そもそも要件定義というものが何かを明確にする必要があります。

要件定義の目的は、「システムの利害関係者（ステークホルダー）に対して、システムが必要とする機能や特性を明確に定義する」ことです。ただし、この定義は間違ってはいないのですが、少し言葉が足りません。これだけでは、設計で外部仕様を検討することを説明できません。要件定義には暗黙的な大目的が隠れています。それは、「開発工数を見積る」ことです。つまり、要件定義は「『開発工数を見積る』ために、システムのステークホルダーに対して、システムが必要とする機能や特性を明確に定義する」ことが目的なのです。要件定義は、開発工数を見積るレベルまで要件を定義できたら終了するのです。その後、要件定義の残りの外部仕様は、設計で検討することになります。例えば、ユースケース記述が完成してユースケース数から

開発工数を見積ることができるのであれば、そこで要件定義は終了します。これは、ユーザー企業とシステム開発会社間との発注のタイミングが背景にあります。ユーザー企業は、システム開発を外部のシステム開発会社に請け負わせる場合、ユーザー企業で要件定義を行い、その要件定義の成果物をもとにシステム開発会社に見積りを提案させます。要件定義がユーザー企業とシステム開発会社の橋渡しになるのです。ユーザー企業としては、見積りができそうなレベルの要件定義ができれば、いつまでもユーザー企業内で作業をするよりも、システム開発会社に提案をさせたほうがよいと判断することが多いのです。要件定義にも、ある程度の技術的なノウハウが必要ですし、作業工数も必要になります。システム開発会社に参加してもらったほうがリスクも少なく、作業も速く進むからです。逆に、あまりに要件定義を簡単に済ませてしまうと、システム開発会社の見積りの誤差が大きくなります。そのような場合、システム開発会社は、開発規模が大きくなることを想定して誤差を吸収した見積りにします。ということは、見積り金額が大きくなってしまいます。要件定義の完了は早すぎても遅すぎてもいけないのです。

　要件定義では、システムが満たすべき機能や品質を定義しています。それを実際にどのようにシステムで実現するのかを検討・記述するのが設計です。さらに、単に実現方法を検討するのではなく、開発するシステムの品質や、プロジェクトのような複数人で開発する場合に情報を共有できることも目的に含めます。

機能要件と非機能要件

　要件定義に関連して、「機能要件」「非機能要件」という言葉があります。これらは、**表2-4**のように定義されます。

表2-4：機能要件と非機能要件

種類	定義
機能要件	機能要件とは、システムの利用者に対して提供される具体的な価値で、システム利用者の何らかの目的を達成するために使われるもの。ユースケースで定義されるのは機能要件
非機能要件	非機能要件とは、システム利用者が機能を利用する時に補助的に必要なシステムの特性や性能のこと

　また、品質の確保と情報共有が設計以外の方法で担保できるのであれば、設計を行う必要がないこともあります。例えば、XPのようなアジャイル開発プロセスを採用する場合は、設計を行わないケースになるかもしれません。アジャイル開発でも設計を行わないわけではないのですが、顧客や開発メンバーとの密接なコミュニケーションによって情報を共有し、さらに短期間でのイテレーション開発を繰り返すことで、手戻りを少なく品質を確認することができるので、設計を中心に行う必要がないのです。

　ただ、アジャイル開発自体を行うには、多くの前提条件が必要です。プロジェクトの規模や、顧客を巻き込んで開発できるかどうか、ラピッド（素早い）開発を行うための環境があるかどうか、そもそも顧客が設計書を作らないことを理解して承認してくれるかどうか、などが前提条件となります。アジャイル開発と謳うかどうかはともかく、顧客を巻き込んだり、コミュニケーションを重視したり、素早くイテレーションを回したりと、アジャイル的な開発がプロジェクトの成功に有効であることは経験的に知られてきています。

メンテナンスのための設計

　設計の目的の1つに、「メンテナンスのため」ということがあります。開発終了後に開発チームの手からシステムが離れた後に、機能の拡張や保守のためにメンテナンスする人への情報提供です。

　システムが開発されると、ユーザー企業に引き渡されます。そして、ユー

ザー企業は運用を開始します。何の問題もなければよいのですが、実際に運用を開始すると、足りない機能があったり、システムのバグがあったりと、さまざまな不具合が発見されてしまいます。これらは決して望ましい状況ではありませんが、起きる可能性をなくすことはできないので、運用のはじめから想定しておく必要があります。運用が始まり、実際に機能拡張や保守開発が必要になった時に、最初にシステムを開発した開発チームは解散していることでしょう。確かに、瑕疵担保のようなものもありますが、必ずしも当初の開発チームのメンバーが開発できるとは限りません。そのような時に、設計書が何も残っていなければ、機能拡張や保守開発を行う前にシステム分析をすることになってしまいます。設計書があれば、その設計書を手がかりに開発することができます。開発チームは、システムというものは「開発したら終わり」と考えがちです。しかしユーザー企業にとっては、開発完了は運用の始まりに過ぎません。運用こそが本番なのです。

設計が必要な理由

設計の目的を改めて確認しておきましょう（図2-12）。

繰り返しになりますが、設計は開発プロセスの一部です。次の作業である実装を行うために、前の作業である要件定義の成果物を加工して、実装作業に受け渡します。設計というものは、この作業の流れの中で捉える必要があります。クラス設計だけが設計ではないのです。ただし、最後の「メンテナンスのために記述する」というのは、開発プロジェクトのためではありません。開発が終わってから、ユーザー企業が困らないようにシステムの設計情報を残すのです。

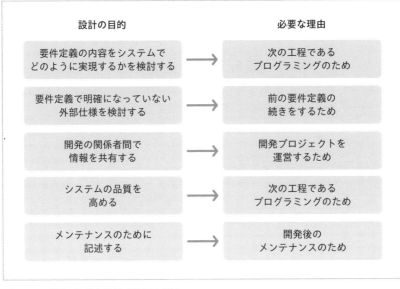

図2-12：設計の目的と設計が必要な理由

良くない設計

　筆者はコンサルタントの仕事をしています。この仕事をしていると、多くの設計書を見させていただく機会があります。どこのお客様というわけではないのですが、よくあるのが「とりあえず納品するために書きました」といった形式的な設計書です。そういう良くない設計書の共通点は、

●目的
●情報の関連
●情報の詳細化

が記述できていないことです。つまり、設計書といえども論理的に要件からブレイクダウンされている必要があるのです。急に難しい話になったと思うかもしれませんが、決して難しいことではありません。

　図2-13をご覧ください。

　プロジェクトで、どのような開発手法や開発プロセスを採用しているにせよ、要件というものがあります。そして、それを実現するための基本設計なり詳細設計を行います。要件を実現するには、システムの利用者に対してどのような機能が必要で、その機能を実装するにはどのようなプログラミングを行う必要があるかを、順を追ってブレイクダウンしていくのです。

　良くない設計書は、この情報の関連が明確になっていなかったり、ブレイクダウンできていなかったりします。ブレイクダウンできていないだけならまだしも、実際に基本設計書と同じ内容を詳細設計書に記述していることすらあります注2-1。

注2-1：表現が多少変わっているので、タイピングし直してはいるのでしょうが……。

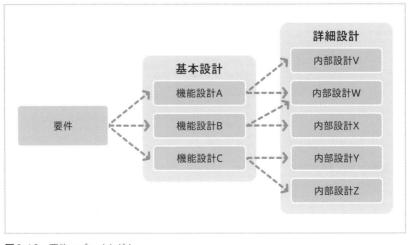

図2-13：要件のブレイクダウン

　誤解していただきたくないのですが、「すべてのクラスをメソッド単位で設計しましょう」とか、「ウォーターフォールで設計しましょう」と言っているわけではありません[注2-2]。単純に、設計書に記述する内容だけでも情報間の関連を明確にしましょう、ということです。設計書の内容について、「この設計書に書かれていることは、どの要件を満たすものかな？」「この要件を実現するための機能はどれとどれだっけ？」などと顧客や先輩に聞かれた時に、「わかりません、何となく必要そうだったので……」と答えるのはやめましょう。

注2-2：それどころか、筆者はウォーターフォールはやめたほうがよいと思っています。

設計のアプローチ

　次に、設計のアプローチについて説明します。設計は、大きく外部設計と内部設計に分かれます。

外部設計と内部設計

　開発プロセスはさまざまありますが、開発プロセスにおける設計もいろいろな名前が付けられています。「基本設計・詳細設計」や「外部設計・内部設計」、これらに加えて「概要設計」「機能設計」「プログラム設計」などもあります。工程も、2段階のものもあれば、3段階のものもあります。さらに「基本設計・詳細設計」というように対になっていればよいのですが、「外部設計・詳細設計」と来た日には、名前だけでは何をするのかわかりません。基本的に、設計工程の分け方について統一した定義はありません。また、仮に規格があったとしても、現状では誰も守ってはいません。その意味では、どのような表現でもかまわないのかもしれませんが、筆者はあえて「外部設計・内部設計」という呼び方をしたいと思います。

　どの呼び方でも、段階的に設計を行う考え方は同じです。

●外部設計 ≒ 基本設計、機能設計、概要設計
●内部設計 ≒ 詳細設計、プログラム設計

「外部設計・内部設計」の定義は**表2-5**のようになります。

表2-5：外部設計と内部設計

工程	定義
外部設計	システムの具体的な外部仕様を設計する作業。外部仕様とは、システムがユーザーや外部システムに対して提供する機能やインターフェイスのことを指す。システムの設計では、入力と出力を明確にすることが基本となる。外部設計は、このシステムの入力と出力を明確にすることである。最近のWebアプリケーションであれば、入出力がWebブラウザの画面で、その間にデータベースが仲介する。よって、画面設計とデータベース論理設計を主に外部設計として行う。なお、アーキテクチャ設計も外部設計と並行して行うことがある
内部設計	外部設計では入力と出力が決まるので、内部設計では入力と出力の間で行う内部処理を設計する。具体的なソフトウェア内部の設計や、データの処理方法や管理方法、並列処理方法、トランザクション方法なども設計する。また、データベースの物理設計も行う。この他に、CRUD設計なども行う

設計の進め方

設計の目的を達成するために、「外部設計」「内部設計」「アーキテクチャ設計」を行います（**図2-14**）。

アーキテクチャとは、ある設計コンセプトに沿ったシステムの基本構造のことです。アーキテクチャを導入することで、システムの品質が向上します。アーキテクチャも、設計の延長線上にあります。本書では、基本的な設計知識を「設計編」の中で、アーキテクチャ設計知識を「アーキテクチャ編」の中で説明します。ここでは、外部設計と内部設計を取り上げます。

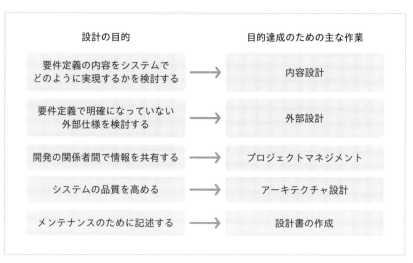

図2-14：外部設計、内部設計、アーキテクチャ設計の目的

外部設計と内部設計の違い

　外部設計は、システムの具体的な外部仕様を設計する作業です。外部仕様とは、システムがユーザーや外部システムに対して提供する機能やインターフェイスのことです。システムの設計では、入力と出力を明確にすることが基本です。外部設計は、システムの入力と出力を明確にすることです。主な外部仕様の対象として「画面」「外部システムI/F（インターフェイス）」「コマンド／バッチ」「帳票」「データベース」があります。ユースケースと概念モデルをもとに、これらの外部仕様を設計します（**表2-6**）。

表2-6：外部設計の作業と成果物

工程	作業	成果物
要件定義	ユースケース分析	ユースケース一覧
		ユースケース記述
		ビジネスルール一覧
		ビジネスルール
	概念モデリング	概念モデル
		用語集
	非機能要件定義	非機能要件定義書
外部設計	画面設計	UI設計ポリシー
		画面遷移図
		画面一覧
		画面モックアップ
		画面入力チェック仕様書
	外部システムI/F設計	外部システムI/F設計書
	バッチ設計	バッチ設計書
	帳票設計	帳票設計書
	データベース論理設計	論理ER図

　外部設計で入力と出力が決まるので、内部設計では入力と出力の間で行う内部処理を設計します。具体的なソフトウェア内部の設計や、データの処理方法や管理方法、並列処理方法、トランザクション方法なども設計します。また、データベース物理設計も行います（**表2-7**）。

表2-7：内部設計の作業と成果物

工程	作業	成果物
内部設計	画面プログラム設計	Controller一覧
		Controller設計書
		画面共通部品設計書
	ビジネスロジックプログラム設計	ビジネスロジック設計書
	データベースプログラム設計	エンティティクラス図
		CRUD設計書（必要に応じて作成する）
	データベース物理設計	物理ER図
		テーブル定義書

設計がわかった瞬間

　技術者としてITの世界に飛び込んだ人の多くは、プログラマからスタートします。プログラマは言うまでもなく、ある仕様を実現するためにプログラミング言語でコードを記述します。人や環境にもよるでしょうが、数年ぐらいプログラマとしてやっていると、若い頃は特にプログラミングのスピードも速くなりますし、ソースコードもこだわりを持ってきれいに書いたり、バグの極力ないコードが書けるようになります。

　自分の力でプログラムが組めるようになると、設計を学ぶことになるでしょう。ここからが本書の内容です。筆者の場合、最初に設計をやった時はウォーターフォール開発のプロジェクトでした。いきなり先輩から「管理者コマンドの設計書を書いてくれ」と言われ、何を書いてよいのかもわからず（管理者コマンドが何をするものか説明を受けていないので当然なのですが）、他の人と相談しながら、他の人の設計書を見よう見まねで書いたものです。後になって考えれば、指示した先輩も答えを持っていたわけではなかったのでしょう。ミーティングなどで相談しながら何とか仕上げました。

そんなこんなで、1年ぐらい「設計」というものと向かい合い、わかったことがありました。同じことを行うのにも、プログラミングの方法が何とおりもあるのです。さらに、簡単にはどれが正しいとはいえません。品質をとるのか、開発効率をとるのか、汎用性をとるのか、リソース効率をとるのかで、プログラミングのやり方がまったく違うのです。当時は、仕事ではC言語を使うのが多かったのですが、その時はリソース効率などを優先的に考えなくてはなりません。品質と開発効率と汎用性が高いコードを書いても、メモリなどのリソースの使い方が悪いために書き直すこともありました。当時の設計といっても、まずはメモリの使い方をどうするかをひたすら考えていたように思います。その次に、仕様どおりに動くように設計します。今では、JavaのようにGC（Garbage Collection）が標準装備されているプログラミング言語が一般的なので、メモリを壊してシステム全体がダウンするようなことは滅多にありません。プログラミング言語によって何を重視すべきかは変わってくるでしょう。

　優秀な先輩のやっていることを見ていると、設計のパターンというものを持っています。メモリを壊さないためのパターンだったり、処理順序の組み方のパターンだったりさまざまなのですが、いずれにせよパターンがあるのです。特に品質を保つための設計のパターンというものを、優秀な人は持っています。それがわかってからは、自分の設計パターンを作るように心がけました。その後、GoF注2-Aの『オブジェクト指向における再利用のためのデザインパターン』（ISBN：9784797311129）を読んで衝撃を受けました。やっぱり、パターンってあるんだと。

　設計というものがわかってくると、経験を積むことで設計のパターンを身に付けていけます。技術知識があっても設計のパターンを経験として積んでいない人は、実際の開発の現場で力が発揮できなかったりします。最近では、設計のパターンに関する書籍がいくつも出版されているので、そこから学べることも多いと思います。

注2-A：GoFとは「The Gang of Four」の略であり、エリック・ガンマ氏、リチャード・ヘルム氏、ラルフ・ジョンソン氏、ジョン・ブリシディース氏の4人を指します。彼らが提唱したのが、いわゆる「GoFのデザインパターン」です。

オブジェクト指向設計

　ところで、オブジェクト指向設計とは何でしょうか？ オブジェクト指向設計は、オブジェクト指向プログラミングを設計の作業にも応用した手法です。オブジェクト指向設計にユースケースが含まれることがありますが、ユースケースは要件定義を行うための手法であると考えれば、ユースケースはオブジェクト指向分析のほうに含まれるべきものです。

　オブジェクト指向設計は、以前から行われてきた構造化設計との対比で語られることがあります。

　設計の目的はいくつかありますが、最も重要なのが「要件定義の内容をシステムでどのように実現するかを検討する」ことです。要件定義では、システムがどのような機能を提供するのかの概要を定義します。これをプログラミングするには、機能を細分化する必要があります。この細分化の方法が、構造化設計とオブジェクト指向設計では異なります。

フローチャート

　従来の構造化設計では、機能の細分化をフローチャートやDFD（Data Flow Diagram）といった図を記述することで行ってきました。フローチャートは、一連の処理を開始から終了までの流れとして記述したものです（**図2-15**）。

　フローチャートを記述することで処理の流れが具体的になり、何をプログラミングすべきかを表現することができます。処理を順番に記述でき、表記法もそれほど難しいものではないので、ある程度複雑なアルゴリズムを開発する場合には役立ちます。

　しかし、フローチャートにも問題があります。フローチャートを記述することで処理の細分化はできるのですが、細分化した処理を共通化することができません。「データを格納する」という処理が別の場所にある「データを格納する」と共通化できるかどうかは、フローチャートからは判断できません。もちろん、別途、関数仕様のようなものを設計すればよいのですが、フローチャートではできません。

　また、フローチャートでは処理については言及しているものの、データを表現しません。「データを格納する」を「注文を格納する」と書き換えれば、

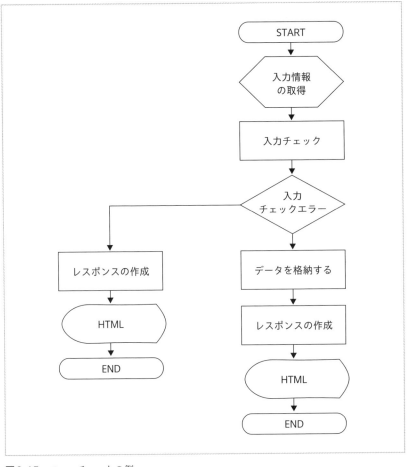

図2-15：フローチャートの例

データにも触れることができますが、注文というものが何かはわかりません。

　結局、フローチャートを見てプログラミングができるようにするには、プログラムのステップに対応するような非常に詳細な情報を記述することになります。最近のプログラミング言語であれば、よほど難しいアルゴリズムでない限り、フローチャートを書くよりもプログラミングをしたほうが早いのです。

DFD

　DFDは、構造化設計手法として現在でも使われている設計方法です。インターフェイスとデータベースの間の処理を記述できます。特徴は、処理間にデータを記述することです。これにより、処理の入力と出力が表現できます。また、同じ処理を違う外部インターフェイスから呼び出すこともできるので、処理を共通化するように記述できます（**図2-16**）。

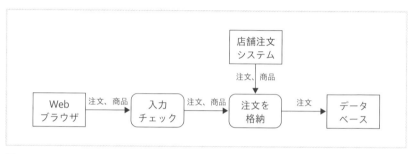

図2-16：DFDの例

　構造化設計は決して悪い設計手法ではありませんが、欠点を1つ挙げるとすれば、仕様の変化に弱いことがあります。図2-16の例でいえば、商品情報の価格の構造が変更されると、「入力チェック」処理にも「注文を格納」処理にも影響が及びます。つまり、仕様変更が処理全体に影響してしまうのです。この例では、「入力チェック」処理と「注文を格納」処理が関数だとすれば、関数名や関数の引数と戻り値の型は変わらないのですが、「入力チェック」処理と「注文を格納」処理の実装が変わります。関数名や関数の引数と戻り値の型は変わらないということは、それぞれの処理の呼び出し方は変わらないことを意味します。これがオブジェクト指向へのヒントになります。

オブジェクト指向プログラミングの特徴

　オブジェクト指向は、構造化設計の欠点を解決するために、いくつかの機構を取り入れています。それは「クラス」「継承」「ポリモーフィズム」「インスタンス化」です。

　オブジェクト指向の考え方は、最初はオブジェクト指向プログラミング（OOP：Object-Oriented Programming）として発展しました。プログラミング手法として、構造化プログラミングの欠点を改善するために考えられたものです。オブジェクト指向プログラミングができ、それからオブジェクト指向設計（OOD：Object-Oriented Design）へと応用されたのです。

　クラスとは、データと処理を1つの定義にしたものです。オブジェクト指向では、クラスに含まれるデータを「属性」「メンバ変数」「フィールド」と呼びます。また、処理のことを「操作」「メソッド」と呼びます。メソッドは、構造化言語の関数に相当します。クラスはフィールドを隠ぺいすることができ、クラスのフィールドを更新するにはメソッドを呼び出すことができます。これをカプセル化といいます。このカプセル化により、クラスはメソッドのシグネチャ（メソッド名、引数、戻り値）だけを公開するようになり、クラスのフィールドの構造が変わっても、メソッドのシグネチャが変わらなければ、クラスの呼び出し元には変更の影響がありません。このようなクラスのメソッドとそのシグネチャのことを、インターフェイスと呼びます。変更に強いシステムを設計するためには、インターフェイスは重要な考え方です（**図2-17**）。

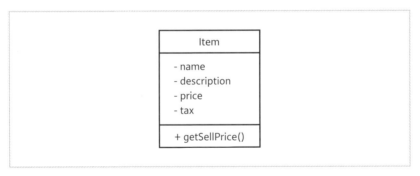

図2-17：インターフェイスの例

　継承は、クラスを拡張するための機構です。拡張元のクラスに影響を与えずに拡張できます。拡張元のクラスをスーパークラスや親クラスと呼びます。拡張したクラスをサブクラスや子クラスと呼びます。

　継承の目的は2つあります。1つはスーパークラスのメソッドをサブクラ

スで実装の定義を置き換えることです。これをオーバーライドと呼びます。もう1つは、スーパークラスが持っていないメソッドを新たに定義することです。まったく新しいメソッドを追加することもできますし、スーパークラスと同じメソッド名で引数だけを変えることもできます。これをオーバーロードと呼びます。オーバーロードは、スーパークラスのメソッドのバリエーションを増やす方法です。

　図2-18の例では、商品クラスを継承して割引商品クラスを定義しています。割引商品クラスは、商品価格の計算時に割引金額を受け取り、それを割り引いた金額を返すように拡張されています。また、割引商品クラスは、割引期間の間だけ割引を実行します。割引期間外であれば商品価格の計算で割引をしません。「商品価格を取得する」メソッドは、オーバーロードしています。

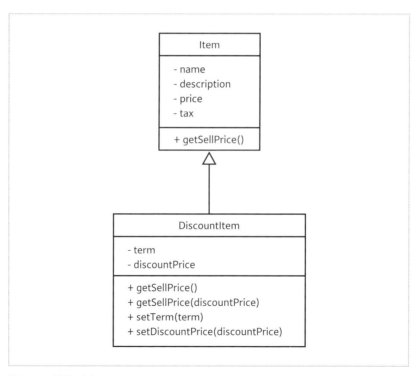

図2-18：継承の例

　継承は、処理の共通化・再利用の手法です。サブクラスであるDiscountItemはメソッドを実装するにあたり、スーパークラスのメソッドを呼び出すことができます。これにより、まったく新しくクラスを定義するよりも、プログラミングするソースコード量が少なくて済みます。

　ポリモーフィズムは、継承の考え方をさらに進め、クラスのインターフェイスは同じままで実装だけを変えることで、メソッドの呼び出し元に影響を与えずに実装クラスを変えることができます。

　例えば、次のようなJavaのプログラムがあったとします。

```java
Item item = getItem();
price = item.getSellPrice();
```

getItem()は、

```java
private Item getItem() {
  return new Item();
}
```

上記の実装か、

```java
private Item getItem() {
  return new DiscountItem();
}
```

上記の実装のどちらかだとします。つまり、ItemオブジェクトかDiscountItemオブジェクトのどちらかを返します。

　この場合、最初のプログラムではどちらのオブジェクトが返されたとしても問題なく動作し、オブジェクトによって変数priceに入る結果が異なります。このように呼び出し元のプログラムは同じままで、異なるクラスの実装を切り替えることができることをポリモーフィズムと呼ぶのです。

オブジェクト指向設計の特徴

どちらかというと、ここまではオブジェクト指向プログラミングの話をしてきました。では、オブジェクト指向「設計」のほうはどうでしょうか。

オブジェクト指向設計では、システムをクラスの集合と捉え、システムの動作は、クラス間でオブジェクトが受け渡されることで実現されると考えます。このクラス間でオブジェクトが受け渡されることをメッセージパッシングと呼びます。よって、オブジェクト指向設計では、どのようなクラスがあるかをクラス図で定義し、クラス間のメッセージパッシングをシーケンス図で定義するのが基本です。

オープンソースフレームワーク

本書では、Java言語でWebシステムを開発することを前提にして説明しています。本書が20数年前に書かれていれば、WebシステムをJavaで構築するためにもServletAPIやJDBCを直接利用してプログラムを開発したことでしょう。しかし現在は、Webシステムを構築しようと思えば、何らかのオープンソースのフレームワークやライブラリを使用しないわけにはいかないでしょう。オープンソースのフレームワークは、それほど当たり前になっています。

繰り返しますが、本書は設計をやり抜くための本です。やはり、実践的である必要があります。実際の開発の現場で当たり前になっているフレームワークを無視して話をするのは難しいものがあります。そこで、フレームワークとしてSpring Bootを使用することを前提にします。ただし、Spring Bootの使い方を説明することは本書の目的ではありませんので、それぞれの詳細についてはあまり言及しません。他の参考図書をご覧になってください。

Spring Bootには、後述するプログラム設計の説明の中で触れます。

情報共有のための設計

　前述したとおり、設計の目的の1つは、開発プロジェクトにおける関係者間での情報共有です。開発プロジェクトでのコミュニケーションは重要です。情報共有もコミュニケーションです。コミュニケーションがシステムの品質を高めることもありますし、作業効率を上げることもあります。確実にいえることは、コミュニケーションがうまくいっていない開発プロジェクトは、失敗することが多いということです。コミュニケーションが少ない開発プロジェクトでは、みんなが必要最低限の情報を必要最低限の相手にだけ見せようとします。また、誰かが全員にメールしたとしても誰も返信をしようとしません。リアクションがないので、メールを見ているかどうかもわからない状態です。「必要最低限の情報を必要最低限の相手にだけ見せているのであれば十分なのでは？」と思うかもしれません。しかし、多くの場合、コミュニケーションは必要最低限だけでは足りません。情報量も相手も、少し多めにするのがコミュニケーションのコツです。要はコミュニケーションの「遊び」です。逆に、コミュニケーション過多な開発プロジェクトは、品質も作業効率も下がってしまいます。稀にコミュニケーション過多な開発プロジェクトがあるのですが、何を決めるにも全員の意見を聞くために、全員集合の打ち合わせをするのです。また、どれほど些細な内容でも、必ず全員をCCに入れてメールを投げたりします。プロジェクトが小さいうちはまだよいのですが、10人を超えたらこれではたまったものではありません。10人が全員とコミュニケーションをとり始めたら、1日中ミーティングとメールを読むだけで終わってしまいます。

　設計者にとって、設計内容や課題の情報共有もコミュニケーションの一環です。設計者にはいろいろな関係者がいます（**図2-19**）。プロジェクトマネジャーは、設計作業の進捗や課題に関心があるでしょう。要件定義者は、設計作業が要件定義に従って行われているかどうかに関心があるでしょう。設計メンバーは、自分たちの成果物を見たいものです。顧客は、設計作業の成果物や進捗に興味があるでしょう。

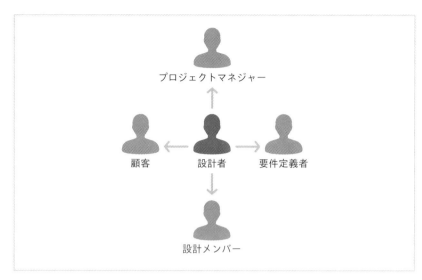

図2-19：設計者の関係者

　ただ、みんな忙しいのです。プロジェクトマネジャーも忙しいので、設計作業の進捗は順調であると信じているし、課題も大きな問題がないと思い込んでいるかもしれません。要件定義者も忙しいので、自分が書いた要件定義書に誤解を与える表現があるとは思いません。設計メンバーも忙しいので、自分の作業で手いっぱいです。顧客も忙しく、要件定義が終われば自分たちの役割の80％が終わり、後は開発チームで何とかしてくれると思っています。いえいえ、そうではありません。開発はこれからなのです。

　ここで挙げた関係者に、設計成果物や課題を参照できるようにしてあげましょう。そのためには、次の手段が有効です。

●レビューなどの打ち合わせを行う
●メールで送付する
●共有フォルダに置く

　実際にどのような手段でコミュニケーションを行うかは、プロジェクトマネジャーと相談して決める必要があります。ある手段だけを行うのではなく、上記の3つの手段を組み合わせて行うことになるでしょう。

設計と見積り

■

　見積りは、要件定義の結果をもとに行うことが最も多いでしょう。これ
は、要件定義の目的とも関係しています。要件定義は、ユーザー企業側が主
導して行うことが多く、ユーザー企業としてどのようなシステムを開発した
いのかを決めるものです。どのようなシステムを開発するのかを定義するこ
とによって、システム開発会社に開発を依頼することができます。システム
開発会社は、要件定義の結果を分析し、開発を受けるための金額や期間や条
件を見積ります。

　見積りは要件定義の後だけでなく、開発を行っている途中でも開発規模の
メトリクスとして計測します。メトリクスとは評価指標という意味で、ソフ
トウェアの開発規模や品質を測定するための指標です。開発中にも開発規模
を把握することで、仕様の膨らみや技術的な難易度を管理することができます。

　基本的に、見積りはプロジェクトマネジメントの領域に属しますが、設計
者としても開発規模（スコープ）の視点を持つことは非常に重要です。実際
に、外部仕様や技術的な難易度を肌で直接感じるのは、現場に近い設計者で
す。設計者が、開発規模が当初の見積りと比べて増減があると感じた場合に
は、プロジェクトマネジャーにアラームを出す必要があります。また、設計
者が外部仕様などを設計する時に見積りの感覚を持っていないと、ユーザー
との調整ができません。ユーザーとしては、1つでも画面が多ければ便利に
なります。だから、外部設計を行うことは、ユーザーの機能追加への圧力
と、開発側の当初の見積りに抑えようとする圧力との調整になります。この
時、外部設計者に見積り感覚がなければ、ユーザーの機能追加への圧力を調
整できません。このように述べると、何やらユーザーの要件を何でもNOと
いうような良くないシステム開発会社をイメージするかもしれません。確か
に、受注できたとたんにユーザーを蔑ろにして、何でもNOというようなシ
ステム開発会社は良くありません。ユーザーを蔑ろにするのは本末転倒です
し、そのようなシステム開発会社はユーザーの信頼を得ることはできないで
しょう。ただ、ここでいいたいことは、初期の見積りで合意したであろう開
発規模を上回ることは、開発側だけでなく、ユーザーにとっても不利益にな
るということです。初期の見積りの開発規模を上回った場合でも、システム

開発会社に予備費用（バッファ）が積んであれば、その範囲で何とか予定どおりに開発するでしょう。しかし、予備費用すらも上回るような開発規模になってしまえば、システム開発会社としても期間を延ばし、追加費用を請求しないことには経営が成り立ちません。期間の延長と追加費用が発生することは、ユーザー企業にとっても不利益です。そのシステムが、ユーザー企業のビジネスを支えているものであれば、システムのリリースの遅れはビジネスの遅れに直結してしまいます。開発規模が膨れるリスクは、開発側とユーザー企業で共有しなければなりません。

LOCと人月

　このように重要な見積りですが、正確に開発規模を見積ることは難しいものです。従来は、LOC（Lines Of Code）というようにソースコードの行数で見積りを行っていました。あるシステムを開発するにはLOCがどれくらいになるかを、プロジェクトマネジャーの過去の経験や勘ではじき出し、LOCに単位工数を掛け合わせて開発工数を算出していました。しかし、この方法には問題があります。要件定義の成果物からLOCを割り出すのに、プロジェクトマネジャーの過去の経験や勘を頼りにするので、類似のシステムを同じ技術を使って開発する場合には、ある程度の精度はあるかもしれません。ところが、経験したことがないような要因があると、見積ることができません。最後は、プロジェクトマネジャーの度胸で見積ることになります。

　基本的に、見積りは次の手順で行います（**図2-20**）。

図2-20：見積り手順

　①**開発規模の見積り**
　②**開発工数の見積り**
　③**開発金額の見積り**

　開発規模は、開発するシステムの大きさです。従来のLOCでは、ソースコードの行数で開発規模を表します。ただ、現在ではプログラミング言語がCOBOLだけではなくて、多種多様なものが登場して実際に使われています。言語によっては1行に書ける表現力に違いがあります。最近のプログラミング言語であれば、標準APIなども充実しているので、以前では難しいプログラミングも比較的簡単に記述できます。LOCのようにソースコードの行数で開発規模を表すのには無理があります。

　開発規模が割り出されたら、開発工数を見積ります。開発工数は人月で表すのが一般的です。人月とは、1人の開発者が1カ月で開発できる作業量を表します。1カ月は営業日ベースで20日とするのが一般的です。つまり、1人月は20人日です。また、1人日は8時間だとすれば、1人月は160人時となります。最近では、人月という考え方がソフトウェア開発には即さないといわれています。確かに直観的にも100人月の開発を1カ月で行うことは不可能だとわかります。100人月の開発を1カ月で行うということは、100人の開発者を集めてきて、一斉に開発して1カ月で終わらせることを意味します。これは不可能です。ソフトウェア開発は、人間が行う共同作業なので、人数があまりに多いとコミュニケーションロスが発生し、効率が下がってしまいます。このように、人月という単位の問題点が多くの人から指摘されています。ただ、開発金額の計算には人月という単位が非常に便利なため、また、極端に短期間の開発でなくてもかまわない場合もあるため、人月という単位は現在でも使われています。開発工数は、開発規模に単に作業量を掛け合わせて計算します。技術的な難易度などは係数で調整します。LOCであれば、行当たりの開発工数を係数として開発規模に掛け合わせます。多くのシステム開発会社では、自社の実績をもとに行あたりの開発工数などの係数を管理しています。

　開発金額は、開発工数に人月あたりの人件費を掛け合わせて計算します。人月あたりの人件費は社員のランクや外部協力会社などによって異なります。

　このようにして開発規模を最初に割り出し、その開発規模に単位開発工数を掛け合わせることで開発工数（人月）を算出し、最後に開発工数に人月あたりの人件費を掛け合わせることで、開発金額を見積ることができます。

　PMBOKでは、9つの見積りの方法を紹介しています。代表的なものには「ファンクション・ポイント」「類推見積り」「パラメトリック見積り」「ス

トーリー・ポイント見積り」「ワイドバンド・デルファイ」などがあります。

　類推見積りは、過去の同様なシステム開発の事例をもとに見積ります。経験と勘と度胸という従来のやり方です。パラメトリック見積りは、多数の因子のある計算式に値を当てはめることで計算する方法です。ストーリー・ポイント見積りは、ユーザーストーリーを実現するのに必要な作業規模を相対的なポイントで見積ります。ワイドバンド・デルファイは複数回見積りを作成して、見積りのたびにディスカッションを行います。ディスカッションした結果に基づいて再見積りを繰り返すことで精度を高めます。

人月の神話

　書籍『人月の神話』は、1975年に発売されたソフトウェア開発の古典ともいうべき良書です。著者はフレデリック・P・ブルックス,Jr.氏です。氏がIBMでメインフレーム用のOSの開発を行ってきた経験をもとに書かれたものです。

『人月の神話【新装版】』
（フレデリック・P・ブルックス,Jr.著、ISBN：9784621066089）

　この本の「人月の神話」の章では、開発の作業量を人月という単位で測ることに疑問を投げかけています。人月では、人と月が交換できるものとして扱いますが、100人月の開発を1カ月で行う時のような悲惨な結果になることを述べています。「遅れているソフトウェアプロジェクトへの要員追加は、さらに遅らせる」という言葉は、「ブルックスの法則」と呼ばれています。

　他にも「コンセプトの完全性」の章では、アーキテクチャの重要性を述べています。この本では、アーキテクチャを外部仕様を含んだものとして定義しているようですが、システムの基本構造や外部仕様が統一的に設計されることが重要だとしています。

　この本はいくつかの論文をあわせた構成になっていますが、現在のシステム開発でも多くの論点が当てはまることに気付かされることでしょう。

ファンクションポイント法

以上、見積り手順の概要を説明しましたが、手順の中でいちばん重要なのが開発規模をどのように見積るかです。開発工数と開発規模については決まった係数や金額を掛け合わせるだけなので、いかに正確な係数を使うかだけで精度が決まります。正確な係数を使うには業界標準のものを使うか、自社でノウハウを蓄えるしかありません。

LOCによる開発規模の見積り結果は、プログラミング言語に依存します。ファンクションポイント（FP）法は、プログラミング言語に依存しない開発規模を見積るための方法として考えられました。ファンクションポイント法は、プロジェクトマネジャーの経験と勘と度胸に頼っていた開発規模の見積りを定量的に測る方法でもあります。この方法では、システムのデータと機能の数から開発規模を計測します（**図2-21**）。

図2-21：見積り手順と手法

ファンクションポイント法は、1979年にIBMのアレン・J・アルブレクト氏が提案し、米国IFPUG（International Function Point Users Group）によって標準化されています。これをIFPUG法（ISO/IEC 20926）とも呼びます。日本にも、日本ファンクションポイントユーザー会（JFPUG）があります。

ファンクションポイント法は、開発規模を見積るための手法です。ファンクションポイント法では、FPという単位で開発規模を計測します。FP数が多ければ開発規模が大きく、FP数が少なければ開発規模は小さいことになります。FP数は、データファンクションとトランザクションファンクション

から求めます。トランザクションを簡単にいうと、システムが外界と行う相互作用です。システムの利用者に対するUI（ユーザーインターフェイス）や外部システムとの連携がこれに該当します。つまり、ファンクションポイント法では、データと外部との相互作用をもとに、FP数という開発規模を計測するのです。データファンクションもトランザクションファンクションも、同じFP数で計測されます。システムのFP数は、データファンクションとトランザクションファンクションのFP数を合算することで求められます（**図2-22**）。

図2-22：ファンクションポイント法

　データファンクションは、システムが内部で管理するデータのことです。データファンクションに該当するのはデータベースが一般的です。他にも、ファイルなどもデータファンクションとして数えることがあります。ログファイルのようなものは含みません。ファンクションの対象になるのは機能要件だけです。機能要件はすでに説明していますが、これはシステムの利用者に対して提供される具体的な価値で、システム利用者の何らかの目的を達成するために使われるものです。ちなみに、ユースケースで定義するのも機能要件です。FP数には、機能要件の規模が反映されます。では、機能要件以外のもの、つまり非機能要件はどのように見積りに反映されるのでしょうか？当然ながら、品質目標が高ければテストを多く行う必要があるでしょう。また、技術的に難易度が高ければ、調査工数などが必要になります。このように、品質目標や技術要件によって工数が変わるので、最終的な見積りには非機能要件も含まれる必要があります。ただし、非機能要件は品質や技術的な話題が多いので、設計工程に依存します。見積りの多くは要件定義の後、設計の前に行うので、まだ実施していない設計工程の内容に依存するこ

とはできません。したがって、非機能要件の実現工数は仮定をして見積ることになります。そのため、非機能要件を実現するための工数を機能要件から計測したFP数と一緒にしてしまうと、後で再計算することが難しくなります。非機能要件を実現するための工数は、開発規模には含めずに、後から開発工数を計算して加味するとよいでしょう。重要なのは、FP数で見積るものは最終的な成果物であるシステムの規模だけです。それをどのように作ったのかは、開発規模の見積りには含まれません。

データファンクション

さて、データファンクションの話に戻りましょう。データファンクションは、システム内部で管理するデータベースやファイルだと説明しました。また、それらは機能要件を実現するためのものだけが対象になります。データファンクションは、システムによって更新されるかどうかで、内部論理ファイル（ILF）と外部インターフェイスファイル（EIF）に分類できます（**図2-23**）。この分類をファンクションタイプと呼びます。内部論理ファイルは、システムによって参照・更新されるデータファンクションです。具体的には、システムで管理するデータベースなどがこれにあたります。一方、外部インターフェイスファイルは、システムからは参照しかされないデータファンクションです。外部インターフェイスファイルは、システム外部にある読み取り専用のデータです。

図2-23：データファンクション

次に、データファンクションの複雑さを決めます。複雑さは、データファンクションのデータ項目数（DET：Data Element Type）とレコード種類数（RET：Record Element Type）の2つで評価します。データ項目数は、デー

タファンクションが持つデータ項目の数です。データベースであれば、列数が該当します。繰り返しのあるようなものは1つと数えます。列に電話番号1と電話番号2があっても1つとみなします。レコード種類数は、データファンクションのデータの種類を表します。通常は1ですが、サブクラスのようなものがあればその種類の数になります。

　データファンクションの複雑さが決まったら、複雑さを「低・中・高」の3段階に評価します（**表2-8**）。

表2-8：複雑さの評価

		データ項目数（DET）		
		1～19	20～50	51～
レコード種類数 （RET）	1	低	低	中
	2～5	低	中	高
	6～	中	高	高

　データ項目数とレコード種類数から複雑さを「低・中・高」に評価できたら、**表2-9**を使ってFP数を計算します。表2-9には、データファンクションのファンクションタイプごとに、複雑さに応じた掛け率を定義しています。

表2-9：FP数の算出

ファンクションタイプ		複雑さ			合計
		低	中	高	
トランザクション ファンクション	外部入力（EI）	×3	×4	×6	
	外部出力（EO）	×4	×5	×7	
	外部照会（EQ）	×3	×4	×6	
データ ファンクション	内部論理ファイル（ILF）	×7	×10	×15	
	外部インターフェイスファイル（EIF）	×5	×7	×10	
				FP数	

データファンクションの数と複雑さに応じた掛け率をかけることで、FP数が算出されます。データファンクションとトランザクションファンクションの複雑さは、この表で求められます。

例えば、複雑さが「中」の内部論理ファイルが2つで、複雑さが「低」の外部インターフェイスファイルが1つあるとすれば、FP数は「2 × 10 + 1 × 5 = 25」になります（**表2-10**）。

表2-10：FP数の計算の例

ファンクションタイプ		複雑さ			合計
		低	中	高	
データ	内部論理ファイル（ILF）	× 7	2 × 10	× 15	20
ファンクション	外部インターフェイスファイル（EIF）	1 × 5	× 7	× 10	5
				FP数	25

トランザクションファンクションは、システムが外界との相互作用を行うことです。これには、システムの利用者や外部システムとの連携が該当します。つまり、システムが外界と行うデータの入力や出力です。

トランザクションファンクションも、データの入出力の傾向によって外部入力（EI）と外部出力（EO）と外部照会（EQ）に分類できます（**図2-24**）。外部入力は、システムが外部からデータを受け取り、システムの内部のデータファンクションなどに格納するトランザクションファンクションです。例えば、画面や外部システムからのデータの受信などです。外部出力は、システムがデータファンクションに格納されているデータをシステムの外部に出力するトランザクションファンクションです。ただし、データをシステム外部に出力する時にデータの加工を伴うものです。データの加工とは、データの計算や画像処理、別のデータの作成のことです。つまり、画面への表示や帳票出力などです。外部照会も、システムがデータファンクションに格納されているデータをシステムの外部に出力するトランザクションファンクションです。外部照会と外部出力の違いは、出力するデータを加工するかどうかです。外部照会はデータを加工しません。

図2-24：トランザクションファンクション

　重要なことは、トランザクションファンクションは1つ1つの画面ではないということです。1つの外部入力に入力画面、確認画面、完了画面という3つの画面があったとしても、これは1つのトランザクションファンクションです。また、トランザクションファンクションは重複しないように気を付けます。検索画面などは多くの画面から呼び出されますが、同じ検索項目と処理であれば、トランザクションファンクションとしては1つとします。

　次に、トランザクションファンクションも複雑さを評価します。トランザクションファンクションは、データ項目数（DET）と関連ファイル数（FTR）の2つで複雑さを評価します。データ項目数は、トランザクションファンクションで入力や出力するデータの項目数です。画面でいえば、画面を構成する動的な画面入出力項目です。画面の静的なメッセージはデータ項目数にカウントしませんが、画面に表示するエラーメッセージやボタンなどはデータ項目数にカウントします。関連ファイル数（FTR）というのは、トランザクションファンクションを実行する時に更新や参照などで呼び出すデータファンクションの数です。1回のトランザクションファンクションで、同じデータファンクションを何度も呼び出す場合でも1つとカウントします。

　トランザクションファンクションの複雑さが、データ項目数と関連ファイル数を使って決まったら、複雑さを「低・中・高」の3段階に評価します。複雑さの評価には、**表2-11**、**表2-12**のような表を用います。

表2-11：外部入力（EI）の算出

		データ項目数（DET）		
		1〜4	5〜15	16〜
関連ファイル数 （FTR）	0〜1	低	低	中
	2	低	中	高
	3〜	中	高	高

表2-12：外部出力（EO）と外部照会（EQ）の算出

		データ項目数（DET）		
		1〜5	6〜19	20〜
関連ファイル数 （FTR）	0〜1	低	低	中
	2〜3	低	中	高
	4〜	中	高	高

　データ項目数と関連ファイル数から複雑さを「低・中・高」に評価できたら、**表2-13**でFP数を計算します。この表では、トランザクションファンクションのファンクションタイプごとに、複雑さに応じた掛け率を定義しています。トランザクションファンクションの数と複雑さに応じた掛け率をかけ

表2-13：FP数の算出

ファンクションタイプ		複雑さ			合計
		低	中	高	
トランザクション ファンクション	外部入力（EI）	×3	2×4	×6	8
	外部出力（EO）	2×4	×5	×7	8
	外部照会（EQ）	3×3	×4	×6	9
				FP数	25

081

ることで、FP数が算出されます。例えば、複雑さが「中」の外部入力が2つ、複雑さが「低」の外部出力（EO）が2つ、複雑さが低の外部照会が3つあるとすれば、FP数は「2×4＋2×4＋3×3＝25」になります。

FP数抽出のポイント

ファンクションは、どのタイミングでどうやって抽出するのでしょうか？要件定義後の設計が始まってもいない段階で、どうやってデータベースやファイルがわかるのでしょうか？確かに、ファンクションポイント法が適用できるのは外部設計が終わってからです。要件定義直後では、ファンクションポイント法をそのまま適用することはできません。そのため、要件定義直後の見積りにファンクションポイント法を適用するには、「試算法」と「概算法」のどちらかの方法を用います。

試算法は、データファンクションの内部論理ファイルと外部インターフェイスファイルの数をもとに、トランザクションファンクションを試算する方法です。そのため、次のような仮定値を用います。例えば、内部論理ファイルが1つあれば、外部入力が平均で3つ、外部出力が平均で2つ、外部照会が平均で1つあるとします。外部インターフェイスファイルが1つあれば、外部出力が平均で1つ、外部照会が平均で1つあるとします。さらに、プロジェクトの実績データから算出された複雑さを仮定します。そして、要件定義で概念モデルが作成されていれば、データファンクションの数を推測することができます。推測したデータファンクションの数と、この仮定値をもとにデータファンクションの数から試算します。つまり、試算法では次の式でFP数を計算します。

FP試算数 ＝ 35 × ILFの数 ＋ 15 × EIFの数
※ILF：内部論理ファイル、EIF：外部インターフェイスファイル

試算法は、トランザクションファンクションの数がわからず、データファンクションの数だけがわかる場合に、ざっくりとした概算を見積るために使用します。

一方の概算法は、データファンクションの数だけでなく、トランザクションファンクションの数も推測でわかる場合に用います。トランザクション

ファンクションの数もわかっているので、試算法よりも正確に見積ることができます。概算法では、複雑さに期待値を設定します。複雑さの期待値は、トランザクションファンクションを「中」とし、データファンクションを「低」とします。

　トランザクションファンクションは、要件定義の成果物であるユースケースや、外部設計の成果物である画面から求めます。トランザクションファンクションとユースケースは、非常に近い概念だといえますが、同じではありません。トランザクションファンクションとユースケースは似ていますが、それぞれが提案されるに至った経緯が違いますし、目的も違います。それぞれを比較するには、粒度の問題が明確に定義できなければなりません。ユースケースの粒度にはいくつかの説がありますが、決まったものはありません。実際、ファンクションの代わりにユースケースを使ったユースケースポイント法と呼ばれる見積り方法も提言されています。ユースケースで見積りができる方法が標準化されると、要件定義の成果物で見積りができるようになります。

設計とテスト

■

　表2-14に示すように、一般にテストには単体テスト、結合テスト、システムテストがあります。これらは、テストする対象のプログラムの粒度が異なります。

表2-14：テストの種類

テスト	説明
単体テスト	プログラム単位のテスト。クラスのメソッド単位で行う。単体テストにもホワイトボックステストとブラックボックステストがある。ホワイトボックステストでは、処理に応じて条件分岐などの網羅性を担保する。ブラックボックステストでは、メソッドの入力である引数の組み合わせと、出力である戻り値を評価する
結合テスト	複数のプログラムを結合したテスト。クラスを結合して画面からデータベースまでの1つの機能をテストしたり、さらに複数の機能を連携させ、画面遷移に沿ってテストしたりする。ブラックボックステストが基本である
システムテスト	システム全体を対象にしたテスト。すべてのユースケースが開発され、それらすべてを対象にテストする。個々の機能は単独では完成している前提に立ち、ユースケース記述に沿ってテストする。ブラックボックステストである。さらに、業務フローがあれば、時系列に業務フローに沿って業務シミュレーションを行ったり、パフォーマンスや非機能要件に関するテストを行う

　この分類は、テスト対象プログラムの粒度の違いをもとにしていますが、それだけではありません。プログラムの粒度に関連して、要件定義や設計のドキュメントの違いも関係します。つまり、それぞれのテストケースをどのドキュメントをもとに作成するかということです。

　単体テストでも、結合テストでも、システムテストでも、テストケースを作成するには何が正しいプログラムの挙動なのかを知らなければなりません。ある画面のボタンを押した時に、どのような処理が行われ、どのような結果画面が表示されるのかは、画面設計書を見なければわからないのです。

　このように、設計とテストは関係ないと思われるかもしれませんが、実は密接に関係しているのです。言うまでもなく、テストは重要ですが、テストの品質を決めるのは設計であるといっても過言ではありません。設計の品質が悪い状態で品質の良いテストを行うのは、非常に難しいことなのです。

第3章 外部設計の手法

> 本章では、前章に引き続き「外部設計」を取り上げます。まず最初に、外部設計に着手するうえで必要な業務知識やユースケース分析、概念モデリングなどを説明します。そのうえで、画面の設計や外部システムとのインターフェイスの設計、バッチの設計、帳票の設計、さらにはデータベース論理設計、非機能要件の定義、インフラ設計、配置設計などに焦点を当て、各作業を進める際のポイントを紹介します。

外部設計とは

　外部設計は、システムの具体的な外部仕様を設計する作業です（**図3-1**）。外部仕様とは、システムが利用者や外部システムに対して提供する機能やインターフェイスのことです。文字どおり、システムの外部から見た時のシステムの仕様を指します。システムの設計では、入力と出力を明確にすること

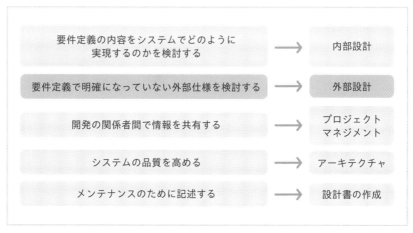

図3-1：外部設計の位置付け

が基本です。同じように、システム全体の入力と出力を明確にすることが外部設計であるといえます。

　本書では、ユースケース分析と概念モデリングも、外部設計とあわせて説明します。多くの開発プロジェクトでは、ユースケース分析と概念モデリングは要件定義として行うかもしれません。しかし、ユースケース分析と概念モデリングを設計作業として行う開発プロジェクトもあります。また、外部設計を行うための知識としてもユースケース分析と概念モデリングが非常に重要であるため、ここでは外部設計として一緒に取り上げることにします。

　外部設計の最も重要な目的は、やはりシステムの外部仕様を設計することです。要件定義でも外部仕様を検討しますが、外部設計が要件定義と異なる場合、システムのより具体的な外部仕様を決める必要があります。外部仕様を明確にするための主なタスクには、次のものがあります。

●ユースケース分析
●概念モデリング
●画面設計
●外部システムI/F設計[注3-1]
●コマンド／バッチ設計
●帳票設計

　これらを行うことで、システムの外観が見えてきます。明確になってきた外部仕様に関する情報を、開発プロジェクトの関係者間で共有します。ユーザー企業にとっても、これまで漠然としていたシステムというものが実感として見えてくることでしょう。

　外部設計として「データベース論理設計」も行います。データベース論理設計は、システム内部のデータ格納方式の検討なので、内部設計の中で行うという考え方もあります。しかし、本書では外部設計の一環として行います。その理由は、データベース論理設計は、画面設計や帳票設計などの外部仕様とも大きく関連することです。画面項目や帳票項目は、データベースと

注3-1：本書では、外部システムと接続するためのインターフェイスを「外部システムI/F」、あるいは単に「I/F」と表記します。

対応させて検討するのが効率的です。したがって、他の外部設計と同じタイミングで行うために、データベース論理設計を外部設計として行います。

外部設計で行う作業と成果物を**表3-1**に示します。

表3-1：外部設計の作業と成果物

工程	作業	成果物
外部設計	ユースケース分析	ユースケース一覧
		ユースケース記述
		ビジネスルール一覧
		ビジネスルール
	概念モデリング	概念モデル
		用語集
	非機能要件定義	非機能要件定義書
	画面設計	UI設計ポリシー
		画面遷移図
		画面一覧
		画面モックアップ
		画面入力チェック仕様書
	外部システムI/F設計	外部システムI/F設計書
	バッチ設計	バッチ設計書
	帳票設計	帳票設計書
	データベース論理設計	論理ER図

必要な業務知識

　要件定義や外部設計をするには、ユーザー企業の業界に関する業務知識が必要になることがあります。業務知識とは、特定の分野の業務を行うために必要な知識のことです。社会人として常識的な知識があるのに越したことはありませんが、それだけでは足りません。簿記会計などを勉強して会計知識を持っている人はいるかもしれません。しかし、会社ごとに会計ルールを設定している場合は、その会社ごとの業務知識があります。例えば、原価計算方法や管理会計などは、会社ごとに違います。通常、小売業界では、発注があってから商品を配送するのが一般的ですが、物流倉庫会社では、得意先であれば事前の発注なしで商品が倉庫に運ばれてくることもあります。商品が搬入された後で、商品明細がわかったりします。そうすると、入庫処理を行うタイミングが、倉庫への搬入時とは違ったりするのです。このように、その業界では当たり前と思っているルールが、他の業界や会社ではまったく違うことがよくあります。

　要件定義や外部設計を行うには、このような業務知識を多少なりとも身に付けている必要があります。その会社の原価計算方法をヒアリングしているのに、そもそもの簿記レベルの会計知識がなければ、その会社独自の原価計算方法を知ることはできません。要件定義や外部設計といった開発プロセスの上流工程では、業務知識と経験が必要です。製造業や流通業、金融業といった業界の業務知識を顧客の業務担当者以上に身に付けたエンジニアは、要件定義や外部設計をリードできるようになります。上流コンサルタントと呼ばれる人たちは、その業界の人間以上に業務知識を身に付けていたりします。実際にユーザー企業で業務を担当している人は、その会社の業務はよく知っています。ただ、上流コンサルタントのようにさまざまな会社の業務を知っていると、客観的な意見が言えます。そのため、ユーザー企業の業務担

当者以上にその業務に関する提案ができるのです。

　ユーザー企業の業務担当者にもいろいろな人がいます。業務を何も知らないエンジニアからのヒアリングに気持ち良く答えてくれる人もいます。こうした人は、少し見当外れな質問にも根気強く付き合ってくれます。ただ、実際にはそのような人だけではありません。エンジニアがヒアリングしようとしても、そのエンジニアが業務をどの程度理解しているかを観察し、そのエンジニアが業務を知らないとわかったら、ヒアリングに協力的ではなくなる人もいます。「業務も知らずにヒアリングに来るな！ こっちは忙しいんだ！」と言わんばかりです。業務のキーマンを怒らせてしまうと、ヒアリングは行えません。こうした場合は、こちらの立場を理解してもらい、できるだけ業務知識があるエンジニアにヒアリングを行わせます。エンジニアの業務知識が足りないからといって、ヒアリングに非協力的になるのは大人げないことですが、業務担当者は日々の業務を忙しくこなしているものです。優秀な業務担当者ほど、大きな責任を持って業務をしています。ヒアリングに2時間かかるとすれば、その2時間は作業ができなくなるのです。ヒアリングする場合は、相手の立場も理解するようにしましょう。貴重な時間をいただくのですから、事前にアジェンダを用意して、事後には議事録をフィードバックするのは当然のことです。業務知識を完全に理解している必要はありません。少しでも理解しようと勉強した姿勢がユーザー企業の業務担当者に伝わることで、心を開いてくれるようになります。

　多くのエンジニアが上流工程を目指すのは、こうした上流工程の専門性が認められているからかもしれません。製造業や流通業、金融業といった業界に固有の業務知識を身に付けたエンジニアは、非常に重宝されます。

肩の力を抜いてヒアリングしよう

　このように、業務知識は重要です。ただ、業務知識がなければ、要件定義や外部設計ができないわけではありません。普通に考えて、エンジニアが特定の企業の業務知識を持っているはずはありません。上流コンサルタントではなく、エンジニアとしてヒアリングするのなら、業務担当者よりも業務知

識がないのは当然です。はじめから教えてもらうというスタンスで臨めばよいのです。ヒアリングを勘違いして、業務担当者よりも上からの目線になるエンジニアがいます。別に尋問しているわけではないので、それでは業務担当者が不愉快になるのも無理はありません。業務担当者から教えてもらうという立場で、肩の力を抜いて率直にヒアリングしましょう。

また、業務知識は経験を積むことで身に付けるものです。ただ、勉強することである程度の業務知識を身に付けることはできます。証券システムを開発するプロジェクトにアサインされたら、証券業界に関する書籍を読んだり、実際に株式などの個人取引を体験してみることは非常に重要です。何か新しいことを行う時には、情報を収集するのは当然です。基本的な証券用語を身に付けることで、ヒアリングした時に業務担当者の話をある程度は理解できるでしょう。この他に業務知識を勉強する方法として、業界新聞や業界誌を読む方法があります。IT業界にも『WEB+DB PRESS』（技術評論社）のような業界誌があるように、各業界には必ずといってよいほど業界新聞や業界誌が発行されています。インターネットで調べれば、多くの業界新聞や業界誌が発行されていることがわかるでしょう。

専門的な業務知識がなくても、常識的な業務の知識を身に付けることで、専門的な業務知識を素早く吸収できます。専門的な業務知識といっても、原子力発電所やロケットのシステムを作成するのでなければ、要件定義は比較的常識的な知識でまかなうことができます。それこそ簿記レベルの会計知識や、伝票には入金伝票・出金伝票・振替伝票などがある、といったものです。これらは業界に固有の知識ではなく、製造業や流通業、金融業などに共通する一般的な業務知識です。こうした一般的な業務知識を押さえることで、業界や会社に固有の業務知識に出会った時にも慌てずに対処できます。

エンジニアにも経営者視点が必要か

最近、エンジニアにも経営者視点が必要だといわれています。業務知識がある程度必要なことはわかりますが、経営者視点が必要というのはどういうことでしょう。そもそも経営者視点とは何でしょうか？

　経営者というのは取締役のことです。取締役の中で代表権を持つ者は代表取締役と呼ばれます。代表取締役の多くは、社内的に社長に選出されます。会社によってはCIOを専任とすることがあります。CIOはChief Information Officerの略で、企業のIT投資やIT戦略の最高責任者です（**表3-2**）。CIOは取締役から選ばれることが多いため、CIOも経営者だといえるでしょう。実際のところ、システム開発に携わるエンジニアや上流コンサルタントが、社長にヒアリングすることはほとんどないでしょう。経営者にヒアリングする機会があるとすれば、その相手は取締役かCIOだと思います。それも、たまにあるかどうかのことで、多くは情報システム部門や業務部門が対象になるはずです。

表3-2：主なIT系ポジション

ポジション	名称	役割
CIO	Chief Information Officer	最高情報責任者
CTO	Chief Technology Officer	最高技術責任者
CDIO	Chief Digital & Information Officer	最高デジタル情報責任者
VPoE	Vice President of Engineer	エンジニア組織の管理職

　さて、取締役かCIOにヒアリングする時に、何を気にする必要があるでしょうか？　取締役かCIOにヒアリングする目的は、細かい業務やシステムの仕様を聞くことではなく、大きなIT投資やIT戦略の方向性を把握することです。言い換えると、システムのあるべき姿の方向性を検討することです。IT投資やIT戦略を明確に策定している会社であれば、取締役かCIOにヒアリングするにも、「貴社のIT投資やIT戦略についてお話を聞かせてください」と単刀直入に聞けばよいでしょう。ところが、そうした会社ばかりではないのが現実です。専任のCIOがいないような会社では、IT投資やIT戦略を明確に策定していないことのほうが多いでしょう。「今回の新システム開発の費用対効果はいかがお考えですか？」などと聞いても、期待する答えは返ってきません。もちろん、取締役やCIOになるような人は、どんな質問にも答えてくれるでしょうが、地に足が着かない空中戦を覚悟しなければな

りません。皆さんは舞空術は得意ですか？

　乱暴な言い方をすると、CIO以外の経営者は、ビジョンという目的と利益、すなわち結果だけに興味があります。その間でどのような業務が行われ、ITやシステムがどのように使われようが重要ではないのです。もちろん、顧客との接点やプロセスを重視する経営者もいますが、顧客との接点に対して直接の責任を持っているのは営業部門やカスタマーサービス部門だったりします。プロセスに対して直接の責任を持っているのは、それぞれの業務部門です。最終責任を持ち、指揮・指導するのは経営者かもしれませんが、経営者が直接かかわることは通常ありません。

　経営者視点というのは、何やら曖昧な表現です。必要なのは、システム開発の目的を明確に認識すること、そしてユーザー企業に対して広い視点を持つことです。要件定義をする際に、システム開発の目的を把握することは非常に重要です。このシステム開発の目的の理解を誤ると、要件定義やシステム開発が失敗することがあります。ただし、システム開発の目的を把握するのは簡単なことではありません。ユーザー企業の担当者ごとに異なることもありますし、要件定義を進める中で変わっていくこともあります。また、経営環境の変化によってシステム開発の目的がぶれることもあります。取締役やCIOにヒアリングする最大の目的は、システム開発の目的を確認することです。おそらく、取締役やCIOにヒアリングする前に、情報システム部門や業務部門の責任者に、システム開発の目的をヒアリングして整理していると思います。取締役やCIOには、その情報システム部門や業務部門の責任者にヒアリングしたシステム開発の目的を説明し、齟齬がないことを確認します。この時にあると望ましいのが、ユーザー企業に対する広い視点です。特定の業務部門の利害だけを優先してシステムを開発しようとしていないか、会社全体の業務が最適になるようなシステム開発の目的を設定できているかを判断できることが望ましいのです。その企業の全社の状況は、知らなくて当然です。しかし、社外に公表されている情報や、社内の人との何気ない会話の中でその会社の状況の概要を押さえるようにします。ヒアリングの合間の休憩時間などに、さりげなく聞いてみるとよいでしょう。これらは、経営者の視点などという大袈裟なものではなく、ユーザー企業がシステムを開発するに至った背景を共有するということです。

　エンジニアは、あくまでもエンジニアです。最低限の業務知識があれば問

1
2
3
4
5
6
7

外部設計の手法｜必要な業務知識

題ありません。ただ、もう1つあるとよい知識があります。それはロジカルシンキングです。ロジカルシンキングというと曖昧に思うかもしれません。要は、MECE（ミッシー）の意味や5W1Hで考える癖を身に付けたり、仮説検証といった考え方について、最低限必要な知識は持っておくべきです。これらは万能のツールではないので過信してはいけませんが、知っておくととても便利なものです。

業務とITの関係

　業務とITの関係は、「業務が主でITが従」です。これが定説です。このことは、ITの目的を考えればわかります。「ITは、業務の遂行を実現するために存在する」という命題があるからです。逆の命題は成り立たないといわれています。つまり、ITを実現するために業務が存在することはない、というわけです。

　筆者も、基本的にはそのとおりだと思います。また実際に、エンジニアが趣味の世界を繰り広げたばかりに、好みの言語や好みのミドルウェア、好みのフレームワークを持ち込んだ結果、無用に混乱する開発プロジェクトも散見されます。もちろん、こうしたITの暴走はいけません。

　ただ、ITが今日、そして将来のビジネスにとって必要不可欠であることに疑う余地はありません。かつて機械によるオートメーション化が業務を根底から変えたことと同じです。

　業務の視点は、経営者の視点ではありません。経営者の視点に立つのであれば、利益に注目すべきです。ITを使い、業務を作り変えてコストをカットできてこそ、経営者の視点といえるでしょう。経営者から見れば、業務も一手段に過ぎないのですから。「業務が主でITが従」という関係を誤解すると、ITの価値を過小評価してしまいがちです。実際にその傾向は見られます。このことは、日本の企業における経営者と業務の現場との力関係の表れかもしれません。

ユースケース分析

次に、ユースケース分析に話を進めます。

ユースケースとは

　ユースケース分析は、要件定義として行われることが一般的です。もしかしたら、皆さんが設計者として開発プロジェクトに携わる時には、すでに作成済みかもしれません。その場合は、ここから先の説明は読み飛ばしていただいてもかまいません。ただ、ユースケースから画面や外部システムI/Fなどの外部仕様を導き出すので、「ユースケースとは何で、どのようなものか」というユースケースの概要くらいは知っておく必要があります。

　ユースケース分析が要件定義の中で行われる場合は、ユースケースを記述するのはシステム開発のユーザー企業側かもしれません（**図3-2**）。

　従来は、要件定義書といっても、Wordなどを使って文章で書かれたものでした。そこには標準的な規約も基準もありません。設計者の考えた章立てや構成で、設計者の頭の中の要件が文章で書かれているだけです。時には、記述の粒度もレベルも関係なく、ただ箇条書きになっているだけのものもあります。まさに、雲のようなモヤモヤしたものなのです。システム開発側は、その要件定義書から不明事項を質問したり行間を読んでみたり、四苦八苦しながら検討して開発の見積りを行います。そのため、SE（システムエンジニア）と呼ばれる顧客の業務に詳しい人が、提案や見積り段階から参加して要件定義書の曖昧さを埋めるのです。しかし、ユースケースを使うことで要件の粒度や表記方法に統一感ができ、その後の開発が行いやすくなりま

図3-2：ユースケースは誰が書く？

す。見積りも正確になるので、顧客にとってもメリットは大きいのです。

　ユースケースは、システムの利害関係者に対するシステムの振る舞いを表現したものです。システムの利害関係者には、システムの利用者だけでなく、外部システムなども含みます。振る舞いとは、システムの動的な側面のことで、「システムの挙動」くらいの意味で捉えても問題ありません。

　ユースケースは、その利害関係者とシステム間でどのようなやり取りが行われていくかを順序に沿ったシナリオで表現します。利害関係者の中でシナリオの中心になるものを主アクターと呼びます。システムの状況や条件により、シナリオもいくつか定義されます。その中には、例外シナリオも定義されます。このように、ユースケースとはいくつかのシナリオをまとめたものです。

　ユースケースには、目的があるはずです。ユースケースのアクターには目的があり、その目的を達成する意図があってユースケース記述のシナリオを実行するはずです。シナリオのステップは、手順を書くというよりも、アクターの意図を書くように心がけるとよいでしょう。

　ユースケースには、記述する粒度のレベルがあります。具体的には、ビジネスレベルのユースケースとシステムレベルのユースケースです。ここでは、システムレベルのユースケースを説明します。ビジネスレベルのユース

ケースになると、システムの振る舞いではなく、ある企業の受注業務担当者と物流業務担当者の振る舞いを記述したりします。ビジネスレベルのユースケースは、上流工程で業務分析を行うためのものです。システムの設計とは関係ありません。

　システムとその利用者や、システムと外部システムとのやり取りを表現するのであれば、アクティビティ図で業務フローを書いても問題ないかもしれません。ユースケースは、多少のコツはあるものの、普通の文章として記述できます。例えば、「会員は注文を登録する」といった具合です。専門的な知識がない人でも、簡単なレクチャーを受けてサンプルを見れば、抵抗感なく理解できます。これは、ユーザー企業の業務担当者と一緒に記述できるようになるのが理想です。ただ、実際にユースケースを書くにはそれなりの経験が必要です。

　ユースケースとして最低限記述しなければならない内容は、次の4つです。

●ユースケース名
●主アクター
●主シナリオ
●拡張シナリオ

　それでは、実際にユースケースのサンプルを見てみましょう（**表3-3**）。
　作成者と作成日は、ユースケースとして必要ではないのですが、設計ドキュメントとしてはあったほうがよいでしょう。
　ユースケースの特徴は、文章で書かれたシナリオである点です。この例では、会員が何らかの商品を選んで注文をしています。シナリオは文章ごとにステップが分かれており、順番に数字が振られています。主アクターである会員とシステムが、交互に何かを行っています。会員が商品を検索するところから始まり、システムが注文を確定して終わっています。このように、ステップごとに主アクターとシステムが行うことを簡潔な文章で記述するので、特別な知識は必要ありません。簡単に理解することもできます。
　シナリオは、途中で失敗することがあります。この例では、注文の途中で会員に決済方法を入力させ、最後にシステムによって決済を行っています。

表3-3：ユースケースの記述例

作成者	○○　○○
作成日	2022年○月○日
ユースケース名	注文を登録する
主アクター	会員
主シナリオ	1. 会員は商品を検索する 2. システムは商品の一覧を表示する 3. 会員はほしい商品を買い物かごに入れる 4. システムは買い物かごを表示する 5. 会員は決済方法を入力する 6. システムは注文内容を表示する 7. 会員は注文する 8. システムは注文を確定する 9. 会員は注文結果を参照する
拡張シナリオ	8.a. システムは決済エラーを表示する

　決済方法までは書いてありませんが、クレジットカード決済だとすれば、与信が通らなければ失敗するでしょう。拡張シナリオには、この決済に失敗した場合を書いています。この例では、単に決済エラーであると表示して終わります。

　ユースケースでは、画面遷移や具体的なシステムの実現方法にはできるだけ言及しません。表3-3の例でも、順番に振る舞いが書かれているので何となく画面をイメージできるかもしれませんが、実際にどのような画面遷移にするかは決めていません。買い物かごを表示する画面と決済方法を入力させる画面が1つなのか、分かれているのかは決めていないのです。それは別途、画面設計で考えればよいことにしています。ユースケースに具体的なシステムの実現方法を記述しないことで、画面設計などの具体的な実現方法が変わっても、影響を受けない本質的な要件を表現できます。

　ユースケースシナリオの各ステップには、どのような意味があるのでしょうか？　例えば、「3. 会員はほしい商品を買い物かごに入れる」と「5. 会員は決済方法を入力する」のステップが分かれている理由はあるのでしょうか？　仮に、「3. 会員はほしい商品を買い物かごに入れ、決済方法も入力する」と

連続して書かれているとします。これは最初のものと同じでしょうか？ それとも違うでしょうか？

　ユースケースの特徴は、自然言語の文章で書くことです。このようなニュアンスの違いを柔軟に表現できるのです。この連続したシナリオを書いた人は、商品を買い物かごに入れた人にすぐに注文へ進んでほしかったのだと考えられます。買い物かごにたくさん商品を入れるよりも、1つだけ購入することが多い商材を扱っているのかもしれません。

　一方で、自然言語の文章で書くユースケースの柔軟さは、ユースケースの弱点でもあります。柔軟な表現を乱用すると、どうとでも解釈できる曖昧な内容になったり、ユースケースに意味を詰め込みすぎる結果になったりします。実際に、第三者の読み手の気持ちになって考えればわかることかもしれませんが、ユースケースを書くのに若干のコツが必要なのは、このような記述の加減が難しいからといえます。

アクター

　ユースケースを作成する時には、アクターの視点で記述することが重要です。アクターがシステムに何をやらせるのかを考えます。ユースケースを抽出する時にもアクターの視点は重要です。

　アクターは、システムの利害関係者です。アクターはシステムと相互作用することもあり、ユースケースのシナリオの主体になるアクターを主アクターと呼びます。それ以外のシナリオに登場するアクターを支援アクターと呼びます。アクターは人間だけでなく、別のシステムやバッチスケジューラであったりもします。

　さらに広義には、ユースケースのシナリオに登場しないアクターも存在します。シナリオに登場するのは、システムを直接利用するアクターだけです。間接的に利害が発生するような操作代行をしてもらっている利用者やシステムの所有者、システムを監査する立場にある人たちは、シナリオに登場しません。この影のアクターを意識することは、ユースケースを分析するうえで重要です。

　ユースケースは、主アクターの視点で記述します。それは、ユースケースのレベルを揃えるうえでも重要です。システムの担当者は、ついついシステムの視点で記述しがちです。しかし、システムの視点よりも、アクターの視点のほうがシステムの目的に近いことを忘れてはなりません。

　ユースケースを抽出するためにも、アクターの視点は必要です。抽出されているユースケースは、アクターの目的をすべて満たすでしょうか？ アクターのライフサイクルを考えた時に、ユースケースが足りているでしょうか？ そのように考えることで、足りないユースケースを発見できます。

　アクターは、特定の個人を指すのでしょうか？ それとも、役割（ロール）を指すのでしょうか？ ユースケースを書き始めた当初は、ヒアリングをしている特定の個人をアクターとしてイメージしているかもしれませんが、当然ながら同僚もいることでしょう。また、その上司がそのユースケースを実行することを考えると、個人ではなくロールであると考えるほうが自然です。ただし、ロールといってしまうと、システムの認証におけるロールと同じになってしまいます。確かに、ユースケースのアクターから認証の仕組みを考えることはできますが、必ずしも同じではありません。システム認証でのロールはログインをしていないと識別できませんが、ユースケースのアクターはそうではありません。ユースケース分析を行っていると、アクターが抽象的になっていくのは自然ですが、システム認証のロールとは同じではないのです。システム認証という視点だけで捉えてしまうと、柔軟にアクターを抽出できなくなる危険性があるため、注意が必要です。アクターを抽象化するには、何か名前を付ける方法があります。コールセンターと受注システム運用者が同じように注文ができるのであれば、どちらも発注者アクターのサブクラスであるといえます。**図**3-3に示すように、この関係はUMLで表現することもできます。ただし、UMLの継承（特化）の矢印は、慣れていないと逆の意味に捉えがちなので、ヒアリング対象の業務担当者には十分な説明が必要です。

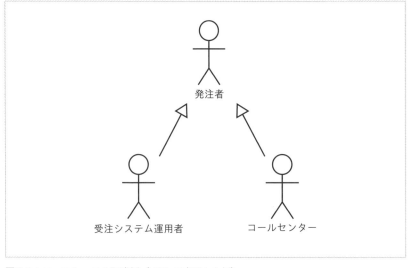

図3-3：ユースケースの記述例（UMLで表現した例）

ユースケースの事前条件、事後条件、トリガー

ユースケースに対して、事前条件や事後条件を付けたほうがよい場合があります（表3-4）。ユースケースの事前条件とは、ユースケースが始まる前に真であると保証されていることを記述します。ユースケースの中では、事前条件は満たされているものとし、再確認する必要はありません。事後条件には、ユースケースの結果として満たされていることを記述します。厳密にいえば、この事後条件には最低保証と成功時保証があります。

この例では、注文のステータスが「受注済」になっていることが事前条件になります。ということは、「1. 配送担当者は注文の一覧を検索する」の時点で表示される注文の一覧には、「受注済」のものしか表示されていないか、もしくは「受注済」であることが明確に表示され、「受注済」の注文だけに配送指示が行えるようになります。

トリガーには、ユースケースを実行するイベントを記述します。トリガー

101

は、主シナリオに含まれないこともあれば、主シナリオの最初のステップになることもあります。

表3-4：事前条件と事後条件を記述したユースケースの例

作成者	○○　○○
作成日	2022年○月○日
ユースケース名	注文を配送する
主アクター	配送担当者
事前条件	注文が受注済である
主シナリオ	1. 配送担当者は注文の一覧を検索する 2. システムは注文日時の古いものから注文を一覧で表示する 3. 配送担当者は古い注文の詳細を表示する 4. システムは注文の詳細を表示する 5. 配送担当者は注文の商品の配送を指示する 6. システムは商品の配送指示を配送センターに通知する
拡張シナリオ	なし
成功時保証	注文が配送指示済になる

ビジネスルール

　ユースケースは、システムの要件を記述するものです。企業がその業務を遂行するには、従わなければならないルールがあります。そうしたビジネスルールを、ユースケースを補足するものとして記述します。ビジネスルールは、複数のユースケースを補足することがあるので、ユースケース記述とは異なるドキュメントに書き、ユースケースからは参照させるとよいでしょう。例えば、商品の種類ごとに配送センターが異なる場合、そのルールをビジネスルールとして記述します。

　表3-5はユースケースの例です。ご覧のように、「ビジネスルール」の欄に参照先が書かれています。

表3-5：ビジネスルールの参照先を記述したユースケースの例

作成者	○○　○○
作成日	2022年○月○日
ユースケース名	注文を配送する
主アクター	配送担当者
事前条件	注文のステータスが受注済である
主シナリオ	1. 配送担当者は注文の一覧を検索する 2. システムは注文日時の古いものから注文を一覧で表示する 3. 配送担当者は古い注文の詳細を表示する 4. システムは注文の詳細を表示する 5. 配送担当者は注文の商品の配送を指示する 6. システムは商品の配送指示を配送センターに通知する
拡張シナリオ	なし
成功時保証	注文のステータスが配送指示済になる
ビジネスルール	［ビジネスルール：商品種類ごとの配送センター］

　表3-6は、ユースケースから参照されるビジネスルールの例です。ユースケースに記述するとシナリオが煩雑になるので、システムを開発するために必要な情報は、このようにビジネスルールとしてまとめて記述します。

表3-6：参照先のビジネスルール

作成者	○○　○○
作成日	2022年○月○日
ビジネスルール名	商品種類ごとの配送センター
内容	商品種類によって配送指示に使用する配送センターが異なる。 商品種類コードと配送センターコードの対応は次のとおり。 家電［IT01］＝配送センター［DS01］ 書籍雑誌［IT02］＝配送センター［DS02］ CD/DVD［IT03］＝配送センター［DS03］

この他にも、ビジネスルールとして記述する例を**表3-7**にまとめておきます。いずれも、作成者と作成日は省略しています。

表3-7：ビジネスルールの例

ビジネスルール名	ログインID入力ルール
内容	ログインIDは一意でなければならない ログインIDはユーザー自身が入力する ログインIDは変更可能である ログインIDには、以下の文字のみ使用可能とする 　半角数字（0-9） 　半角アルファベット（A-z） 　※大文字／小文字の区別を行う ログインIDの入力に3回失敗するとアカウントロックされる

ビジネスルール名	メールアドレス入力ルール
内容	メールアドレスは一意でなければならない メールアドレスは確認用を含めて2回入力する メールアドレスは@とドメインを含まなければならない メールアドレスのドメインはシステムが許可したものだけとする

ビジネスルール名	注文入力ルール
内容	注文は1度に5商品までとする 注文は1度に2箇所まで配送先を選択できる 注文は次の決済方法から1つ選択する 　・銀行振込 　・クレジットカード決済

抽出したビジネスルールは、ビジネスルール一覧を作成して管理しましょう。

ユースケースの粒度のレベル

ユースケースの記述で難しいのは、次の点です。

●**ユースケースのレベルがバラバラになる**
●**どこからどこまでをユースケースとして記述すればよいかわからない**

これらは、ユースケースの難しさというよりは、日頃している仕事や業務を定型化しようとする時に必ず付いて回る問題です。

ユースケースの粒度のレベルがバラバラになるのは、複数の担当者で分担している時によく起こります。業務担当者が記述する時はレベルが大きくなりすぎ、システムの担当者が記述する時はレベルが細かすぎてシステムの詳細に踏み込んでいたりします。

ユースケースは、記述の目的によってビジネスユースケースとシステムユースケースに分けられます。ビジネスユースケースは、企業活動の振る舞いを記述することが目的です。一方のシステムユースケースは、あるシステムの振る舞いを記述することが目的です。ビジネスユースケースのほうが自ずと大きな視点で書かれ、システムユースケースのほうが細かい視点で書かれます。繰り返しになりますが、本書で説明しているのはシステムユースケースです。単にユースケースといった場合、システムユースケースを指します。

さらに、書籍『ユースケース実践ガイド——効果的なユースケースの書き方』（アリスター・コバーン著、ISBN：9784798101279）では、ユースケースのレベルを次の3つに定義しています。

●**ユーザー目的レベル：いちばん重要で基本になる。システムの利用者が仕事を完了させるための目的を表したレベル**
●**要約レベル：ユーザー目的レベルよりも大きい。複数のユーザー目的レベルのユースケースが含まれる。どのようなユーザー目的があり、ユーザー目的がどのようなコンテキストや順番で実行されるのかがわかる**
●**サブ機能レベル：ユーザー目的レベルよりも小さい。ユーザー目的レベルのユースケースを実現するのに必要な目的**

このうち、ユーザー目的レベルが外部設計で必要なレベルです。要約レベルでは大きすぎてシステムについてわからず、サブ機能レベルでは細かすぎます。

ところで、ユーザー目的とは何でしょうか？ 仕事が完了するとはどういうことでしょうか？ すでに述べたように、ユースケースは、システムの利害関係者に対するシステムの振る舞いを表現したものです。ユーザーとは利害関係者のことです。アクターとも呼ばれます。このアクターが、システムを使って何らかの目的を達成する単位が1つのユースケースです。このユースケースは、きっと仕事が完了する単位にもなるでしょう。

では、ユーザー目的レベルが具体的にどんな単位なのか考えてみましょう。よくいわれるのが、「その仕事が終わったらコーヒーブレイクできる、それが終わるとひと息入れられる仕事の単位」です。1人の人間が中断なしに行える仕事です。目安は30分以内くらいでしょうか。文字どおり、1つの目的を達成できるようなユースケースのレベルです。

このユーザー目的を達成するという考え方は、シナリオの完了も示唆してくれます。ユースケースのシナリオは、どこで完了するのでしょうか？ 連続して次々と仕事をこなす人のユースケースは、永遠に終わらないのでしょうか？ これに関しても、ユーザー目的が重要です。確かに、連続して仕事をたくさんこなしている人がいるかもしれませんが、ユースケースとしては1つのユーザー目的の達成をもって、その仕事の完了とします。

ユースケース分析の終わり

ユースケースでは、システムの機能要件を定義します。画面や外部システムI/Fなどは、ユースケースから導き出されるものです。ユースケースがない状況やユースケースに不備がある状況では、画面が足りなくなったり、外部システムと連携できなくなったりします。ユースケースの網羅性は重要です。網羅性。素敵な言葉ですね。ITコンサルタントが大好きな言葉です。言われなくても網羅性が重要なことはみんなが知っています。では、網羅性はどのように確保するのでしょうか？ ユースケースが網羅していることをど

うやって証明するのでしょうか？　一度、ITコンサルタントに質問してみてください。

　ユースケースの網羅性は、ユースケースの抽出の仕方に関係します。**表3-8**に示すように、ユースケースの抽出方法はいくつかあります。

表3-8：ユースケースの抽出方法

分類	説明
ユースケース図から抽出する方法	B2C（Business To Consumer：一般消費者向けサービス）のように業務フローが作成できない場合に、ヒアリングなどを通してユースケースを抽出する方法。多くの書籍では、ユースケースといえばユースケース図のように扱われてきたが、実際に重要なのはユースケース記述である
既存システムから抽出する方法	既存システムがあり、業務フローやユースケースが作成されていない状況で、既存システムのリプレースと機能拡張を行うケースで使う方法。既存システムの要件を整理するために、現状（As-Is）ユースケースを作成し、そこから機能を拡張する部分のユースケースだけを拡張後（To-Be）ユースケースとして作成する。既存システムをベースにしているので、既存システムと同等の機能をユースケースとして網羅的に抽出することは可能
業務フローから抽出する方法	企業システムのような業務フローが存在する、もしくは業務フローを作成できるケースで使う方法。業務フローの表記方法にもさまざまなものがあるが、UMLのアクティビティ図で記述できる。最近は、日本版SOX法などの内部統制に関係して、社内で業務フローを整備する会社も増えてきた

　どの抽出方法を選ぶにせよ、次の視点で不足がないかを確認します。

●**ある目的を実現するためのユースケースが足りているか**
●**あるアクターのライフサイクルからユースケースが足りているか**
●**すべてのトリガーに対するユースケースが洗い出せているか**
●**関係者による承認を得ているか**

　「商品を返品する」といったユースケースは忘れがちです。多くの場合、主アクターである一般の利用者が、ユースケース分析に参加しないからです。また、返品という行為自体に何かの大きな目的があるわけでもなく、

ユーザー企業から見ると例外的な行為です。ただ、コールセンターや倉庫の担当者であれば、このようなトリガーがあることを発見できるかもしれません。

　抽出したユースケースは、ユースケース一覧を作成して管理しましょう。

コンサルタント

　コンサルタントとは言葉の魔術師です。コンサル用語がそれを表しています。例えば、「漏れなく、重複なく」という意味のMECE（Mutually Exclusive and Collectively Exhaustive）や5W1H、PDCAなど、たくさんのコンサル用語があります。これらは、顧客に対して思考のスキーム（枠組み）を提供するためのツールです。経営や戦略などのフニャフニャした（曖昧な）世界で何らかの成果物を作るには、枠組みが必要です。枠組みがなければ、顧客の会社の将来について一生議論することになります。それはそれで楽しいかもしれませんが、会社が潰れてしまいます。そのため、議論をする時に「5W1Hで考えてみましょう」とか、「ロジックツリーを作って網羅性を確保しましょう」と言うのです。そうすると、実際に有限の時間で議論を収束できるので、顧客もコンサルタントもハッピーになれます。筆者も、けっこう重宝しています。

　ただ、面白いことに、コンサルタントによっては自分で自分の魔術にかかってしまう人がいます。本当に何でもかんでもMECEにしようとするのです。MECEではないと先に進めなくなるのです。面白いことですね。これは、まさにウォーターフォールと同じではないですか。ウォーターフォールが成功するのは、外部要因や仕様を自分で決められる閉じた世界だけです。このことは、多くの経験から実証されています。もっと、アジャイルにいきましょう！

ユースケース図

　UMLの初心者向けの書籍には、ユースケース図からユースケースを抽出する方法が書かれています。例えば、**図3-A**のようなものです。

　ユースケース図を記述すると、アクターである会員とシステムの間で、どのようなやり取りが行われるのかを視覚的に表現できます。視覚的に表現することで関係者のイメージが広がり、共有もしやすくなり、ユースケースの抽出が容易になります。ただし、基本的に関係者が気付くかどうかがユースケース抽出のカギになるので、大規模システムや企業システムのようにある程度複雑なシステムでは、網羅性に限界があります。その反面、B2Cと呼ばれるような一般の消費者向けのシステムであれば、業務フローなどの手段が使えないので、ユースケース図を記述するのが適しています。考えてみてください。グーグルの業務フローなどは考えにくいですよね。現在では、企業システムの開発でユースケース図はあまり書かなくなりました。

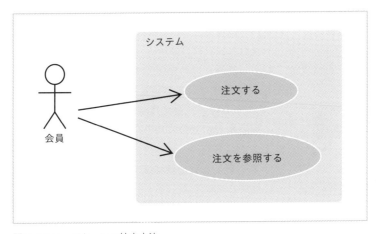

図3-A：ユースケースの抽出方法

概念モデリング

■

次に、概念モデリングの説明に移ります。

概念モデルとは

■

　ユースケースと同様に、概念モデルも要件定義の中で作成されることがあります。そのため、皆さんが設計者として作業する場合には、概念モデルもすでに作成済みかもしれません。ただ、ユースケースとは異なり、概念モデルは設計の中で更新される可能性が高いものです。設計で画面設計などの外部仕様を整理するうちに、足りない概念が発見されることはよくあります。設計者が概念モデルを更新するのか、要件定義者が更新するのかは状況によって違うでしょうが、設計者としても知っていると非常に役に立つ知識であることは間違いありません。

　ユースケースがシステムの動的な振る舞いを表すものであるのに対して、概念モデルはシステムの静的な構造を表します。ユースケースを記述していると、さまざまな概念が登場してきます。会員、注文、配送、返品などです。これらの概念がどのような意味で、どのような関連にあるのかは、ユースケースでは触れていません。どちらかというと、ユースケースではこれらの概念の詳細にはあえて触れていないのです。ユースケースでは注文といっているものが、どのような属性を持ち、商品とどのように関連しているかにはまったく触れていません。例えば、注文と注文明細の関係のように、注文明細は商品ごとに1つ作成されるような構造が一般的ですが、その構造はユースケースではなく概念モデルで明らかにします。

　前述したとおり、概念モデルはシステムの静的な構造を表します。システムの構造と聞くと、後で触れるアーキテクチャと同じものだと思われるかもしれません。しかし、どちらかというと、アーキテクチャが振る舞いを実装するための構造であるのに対し、概念モデルはデータの構造を表します。実際に、概念モデルをもとにデータベース論理設計を行います。

　図3-4に示すように、概念モデルはUMLのクラス図で記述します。この例は、注文に関する概念モデルです。概念モデルは、日本語で記述します。ユースケースに登場した概念を概念モデルに記述するのです。ユースケースは日本語で表記するので、概念モデルも日本語で記述するほうが対応付けて考えることができます。また、概念モデルではintやStringといった属性の型は付けません。さらに、概念モデルをクラス図で表す場合は、操作は書きません。

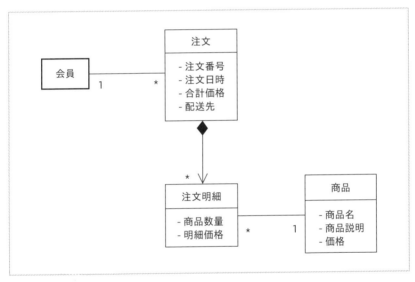

図3-4：概念モデルの例

　概念モデルで表現するものは基本的に次の3つです。

●**概念の名前を整理する**
●**概念の関連を整理する**
●**概念の関連の多重度を整理する**

　たったこれだけを明確にする作業なのですが、概念モデリングは奥が深いものです。同じシステムの概念モデルでも、人によって書き方が違ったりします。筆者は実際に、経験豊富な概念モデラーが1つの概念について延々と議論をしているのを何度も目にしたことがあります。

　また、概念モデルで注意すべき点は、概念モデルという表記法が完璧ではないということです。つまり、先ほどの図のように、クラスと関連、集約、コンポジションなどで表現できることはすべてではないのです。概念モデルで表現できるビジネスルールもありますが、表現できないビジネスルールはもっとたくさんあります。

　とはいえ、概念モデルに曖昧さがあることは、概念モデルを書きやすくしてくれます。要件定義や外部設計で把握する業務やシステムの機能の大枠を知るには、概念モデルのような"遊び"のある表現手段が相応しいのです。後で説明するリレーショナルデータベースのような厳密性が必要だとしたら、概念モデリングは非常に苦痛に満ちた作業になるでしょう。

オブジェクト指向分析・設計

　オブジェクト指向の説明で、世の中の現実世界をそのままオブジェクトとして分析・設計する、といった話を聞きます。確かにオブジェクト指向を説明する書籍や講演で、そのような説明がされているのを耳にすることがあります。最近でもそうした説明をする方もいらっしゃるようです。筆者も最初はそのように教わり、それを実現しようとして試行錯誤していましたが、何だかかえって難しいシステムになってしまいます。システムの中に人間オブジェクトが登場するあたりから怪しくなってくるんですよね。社員オブジェクトがシステムに登場することはあっても、その社員オブジェクトのライフサイクルはその人の一生とは全然関係ありません。会社を辞めたら社員オブジェクトはいなくなるのですが、それは単にシステムの関心外になったというだけのことです。それに、社員オブジェクトに頭や胴体はありません。性別がないこともあります。結局、システムとして関心のある社員というものをクラスにしているに過ぎません。このように、いまだに現実世界をそのまま本当にオブジェクトにして成功した話を聞いたことはありません。バーチャルリアリティの世界以外では、これからも

なさそうです。

オブジェクト指向は、プログラミングレベルのカプセル化や継承などで大きな効果が実証されています。設計や分析のレベルでも、システムとして本質的な議論をするうえで大いに効果があるとされています。概念モデルもその1つです。ただ、あくまでもシステムとしてどのように対象のドメイン（領域）を扱うかを表現するだけで、対象のドメインをそのまま表現するわけではないのです。

概念モデリングというと、現実世界をそのまま表現するように聞こえますが、必ずしもそうではありません。ユースケースがシステムの振る舞いを表現し、概念モデルはシステムの静的な構造だけを対象とします。こういうと、振る舞いと静的な構造が別々に検討されるので、「オブジェクト指向じゃない！」と思われるかもしれません。

しかし、オブジェクト指向におけるカプセル化の話と抽象化の話は異なるのです。オブジェクト指向設計やオブジェクト指向分析といった上流でのオブジェクト指向の手法では、カプセル化よりも抽象化のほうが重宝します。

概念モデルの書き方

まず、何が概念かを洗い出す必要があります。ユースケース記述などがある程度書かれている場合は、概念となるべき候補をユースケース記述から洗い出します。そうではなく、ユースケース記述もこれから作るのであれば、いちばん代表的な概念をピックアップします。受注システムであれば、注文が代表的なものになります（会員でも商品でもかまいませんが）。

注文にかかわる概念には、次のものがあることがわかっているとします。

●注文
●注文番号
●注文日時

●合計価格
●購入者
●配送先
●商品数量
●商品価格
●商品名
●商品説明

とりあえず「注文」を置いてみましょう（**図3-5**）。実際に、UMLモデリングツールでクラス図を書いてみるとよいでしょう。

図3-5：「注文」を取り出す

次に注文番号を置いてみましょう（**図3-6**）。

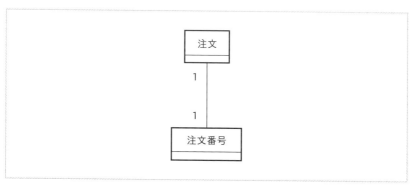

図3-6：「注文」と「注文番号」を取り出す

注文番号は、注文を必ず一意に識別するものです。注文には必ず1つだけ注文番号があるとすれば、注文と注文番号は1対1の関連となります。1対

1の関連は、**図3-7**のように属性にすることができます。注文の属性に注文番号があることは、直観的にも理解できます。同じように、注文日時と合計価格も注文の属性にしましょう。

図3-7：属性を付与する

　次は、購入者と配送先です。このシステムでは、会員登録されている会員だけが注文できることにします。すると当然、会員が購入者になります。会員はたくさん注文できますし、1つの注文の購入者は1人の会員なので、会員と注文は1対多になります。会員と注文の多重度が1対1ではないので、注文とは別のクラスにします。さらに、ログインさせたり、他にも会員向けの機能もあるでしょうから、別のクラスのほうが何かとよさそうです（**図3-8**）。

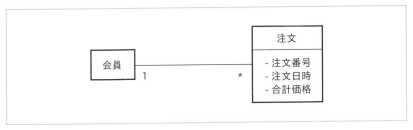

図3-8：「会員」を追加する

　配送先が単純に住所を文字列として持つだけであれば、**図3-9**のように注文の属性にしてしまってもよいでしょう。

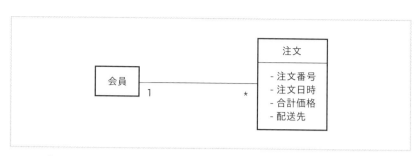

図3-9：「配送先」を属性に追加する

　配送先の情報が構造を持つようであれば、**図3-10**のように別のクラスに分けたほうがわかりやすいかもしれません。

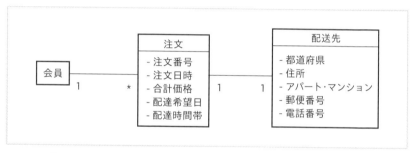

図3-10：「配送先」を別クラスにする

　配送先を会員ごとに登録しておける場合は、**図3-11**のように会員に持たせてもよいかもしれません。ここでは、会員に配送先を複数登録できるようにし、注文時にその中から配送先を1つ選択させます。さらに、配達希望日と配達時間帯は注文時に指定するようにしています。

　配送先のモデルとしてどれが良いかは、要件によって決まります。

　次に、注文の商品数量、商品価格、商品名、商品説明を検討します。商品価格と商品名と商品説明は、商品の固有の属性であり、他の注文でも同じ情報を使います。したがって、まずは**図3-12**のような図にしておきます。

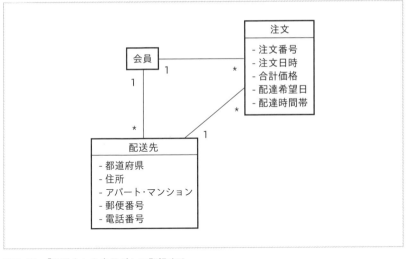

図3-11：「配送先」を会員ごとに登録する

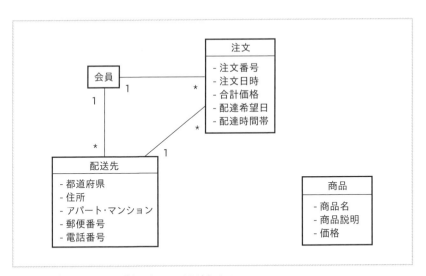

図3-12：「商品価格」や「商品名」などを追加する

　注文と商品の間に関連を引きたくなりますが、商品数量が気になります。商品数量は商品固有の情報ではなく、注文に関連した情報です。そこで、**図3-13**のように注文と商品を結び付ける注文明細クラスを置いてみましょう。

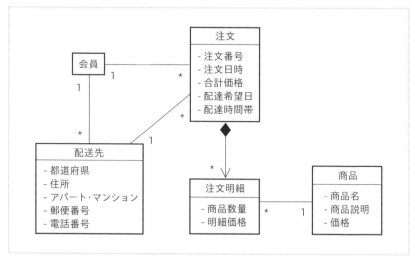

図3-13：「注文明細」クラスを追加する

　注文明細クラスを置いて商品数量を属性にしました。注文明細クラスは、注文に含まれる商品の種類ごとに作成されるクラスです。関連の線に矢印と黒い菱形が付いています。これはコンポジションを表現しています。コンポジションは集約の一種で、「全体と部分」を表現します。注文明細は注文の部分であるということです。コンポジションは、「全体と部分」でライフサイクルが同じになります。

　また、価格についても注文明細に重複して持たせました。商品クラスは商品マスタとでもいうべきものでしょうから、値上げなどで商品の価格が変更される可能性があります。商品クラスの価格が変わっても注文の価格は注文時のままですから、注文明細に明細価格を持つ必要があります。

　実際には、このような判断も要件次第ではありますが、概念モデルを書く時にはそのような観点でも考えながらモデリングし、気になる点はユーザー企業の業務担当者にヒアリングするとよいでしょう。

このようにして概念モデルを書くことができました。ここで示したのは簡単な例ですが、さまざまな判断によって表現されるモデルが異なることがわかったと思います。書かれるモデルが異なる理由には、大きく次のものがあります。

● **要件理解の深度**
● **視認性**
● **拡張性**

まず、要件の理解の度合いによってモデルは異なります。次に、配送先の持たせ方のように、構造が複雑なものを分けて表現するなどの視認性（視覚的に物事をわかりやすくすること）による判断があります。視認性は、人によって判断が分かれるでしょう。最後は拡張性です。配送先を会員に持たせたのは汎用化です。さらに、抽象化の例として決済情報を追加してみましょう（**図3-14**）。

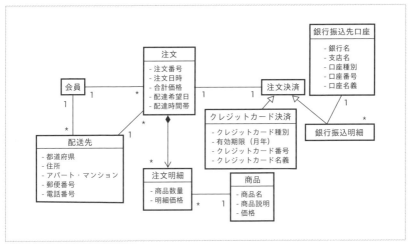

図3-14：「決済情報」を追加する

ご覧のように、注文に注文決済を持たせました。注文決済は、注文時に会員が選択して入力する決済情報を抽象化したものです。決済情報の具象クラ

119

スとして、クレジットカード決済と銀行振込決済のどちらか1つを選択でき
るようになっています。

用語集

■

　概念モデリングを行っていると、さまざまな概念や属性が登場してきま
す。当然ながら、概念や属性には名前が付いています。時には、難解な業界
用語を概念の名前として採用しなければならないことがあります。一般人に
は難解でも、業務担当者が普段使っている言葉であれば、その普段使ってい
る名前を概念に付けるのは良いことです。

　ただ、難解な業界用語の意味を明確に定義しておかないと、開発チームの
メンバーが理解できなかったり、ユーザー企業側でも、その業務担当者はわ
かるけれど他の担当者にはわからないかもしれません。さらに、業務担当者
によって同じ用語を違う意味で使っている可能性もあります。このような問
題を回避するために用語集を作成します。用語集の対象は、概念モデルに登
場する概念と属性です。あまりにも一般的な用語は、あえて定義する必要は
ありません。例えば、電話番号などは一般的な用語です。

概念モデリングの注意点

■

先ほど、概念モデルの目的として次の3つを挙げました。

●概念の名前を整理する
●概念の関連を整理する
●概念の関連の多重度を整理する

　ここでは、概念の名前を整理するうえでの注意点を説明します。その際の
原則は、次の2つです。

●同じ意味で2つの言葉があれば1つにする

●違う意味で1つの言葉があれば分割する

　例えば、ヒアリングしている中で「注文」だけでなく「受注」という言葉が出てきたとします。詳しく聞いてみると、注文と同じように会員からの注文のことのようです。そうであれば、受注は注文と同じだということを、業務担当者や関係者の間で合意しましょう。逆に注文といっても、会員によるものと、商品の卸業者に対してのものがあったとします。これは同じ注文でもまったく違うものです。したがって、これらは名前を明確に分ける必要があります。「受注」と「発注」でもよいでしょう。さらに明確にして「会員受注」「卸発注」などとしてもよいでしょう。業務担当者と相談して、普段の業務で使っている言葉から選ぶのがベストです。使い慣れない言葉を選ぶと、結局は名前が定着せずに間違った使い方がされてしまいます。

関連の整理

　概念の関連を整理するうえでの注意点を説明します。

　概念モデリングに慣れない間は、ついつい関連の線をたくさん書いてしまいます。会員が過去に購入した商品を一覧で表示する機能があると、会員と商品を直接関連付けたくなりますが、これは冗長すぎる関連です。

　すでに会員と商品は、注文と注文明細を経由して関連しています。さらに、会員と商品を関連付けると、二重で関連付けられることになります。注文の返品キャンセルが発生した場合に、注文と注文明細は削除したけれど、会員と商品の間の関連を削除し忘れるおそれがあります。パフォーマンスを考慮して、データベース物理設計でこのような関連を付ける可能性はありますが、少なくとも概念モデルでは冗長な関連は付けないことにしましょう。

関連の多重度の整理

　次に、概念の関連の多重度を整理するうえでの注意点を説明します。

　主に注意すべきは、1対1の多重度と多対多の多重度です。1対1の多重度については、「概念の属性が多すぎる」と「概念の意味が違う」の場合に視認性を考えて、概念を1対1の多重度になることを承知のうえで分けるケースがあります。

　多対多の多重度は、「本当にその関連が必要か」「関連の間に新しい概念が存在しないか」をもう一度考えてみてもよいかもしれません。先ほどの会員と商品との関連であれば、注文と注文明細を経由すればよく、会員と商品との関連は不要です。もしくは、会員が購入した商品の一覧を表示する目的が、会員が購入した商品との間にカスタマーレビューを書くことかもしれません。そうだとすれば、会員と商品の間にカスタマーレビューという概念が追加されます。

概念モデリングの終わり

　概念モデリングの終わりをどのように決めるかは、非常に難しい問題です。すでに述べたように、概念モデルは要件定義で作成することも多く、設計では概念モデルを要件定義から引き継いで更新することが多くあります。次に示すものが、設計における概念モデリング終了の目安です。

●ユースケース記述に登場する概念がすべて表現されているか
●画面設計に登場する概念が基本的に表現されているか
●外部システムI/Fに登場する概念が基本的に表現されているか
●関係者による承認を得ているか

　最初の「ユースケース記述に登場する概念がすべて表現されている」は、要件定義で概念モデルが作成されていない場合です。

　オブジェクト指向設計とは何でしょうか？ 多くの書籍では、UMLのクラス図やシーケンス図を書くことをオブジェクト指向設計と呼んでいたりします。間違ってはいませんが、最も重要なことである「クラスとは何で、どのように抽出して定義するのか」については多くを語っていません。継承やカプセル化、ポリモーフィズムはオブジェクト指向プログラミングおよびオブジェクト指向設計の重要なテクニックですが、それだけでは実際のシステムを設計することはできないでしょう。

　実際のシステム開発にオブジェクト指向設計をどのように適用するかは、

「アーキテクチャ編」で説明します。

概念モデリングセッション

　ユースケースは、比較的素養のない人でも理解できるので、顧客の業務担当者に見せながら一緒に作成することもあります。それに対して、概念モデルを理解するにはUMLとオブジェクト指向の素養が必要になるので、顧客の業務担当者に見せても理解してもらえないことがよくあります。ただ、ユーザー企業に情報システム部門などがある場合は、情報システム担当者にUMLとオブジェクト指向の素養がある人がいて、概念モデルも説明すれば理解してもらえることがあります。概念モデルは理解するのが難しいものですが、その反面、要件を表現する手段としては大変効果的なので、顧客と概念モデルで意思の疎通が行えると非常に助かります。実は助かるだけでなく、面白いのです。慣れてくると、ユースケースよりも概念モデルから仕様を理解するほうが簡単になってきます。

　ユーザー企業の会議室を借りて、プロジェクターに概念モデルを映しながら顧客側数名にヒアリングをしつつ、リアルタイムに概念モデルを作成していくのは非常にエキサイティングな瞬間です。

画面設計

次に、画面設計について説明します。

画面設計の進め方

画面設計では、次のものを作成します。

- ●UI設計ポリシー
- ●画面遷移図
- ●画面一覧
- ●画面モックアップ
- ●画面入力チェック仕様書

　画面設計の具体的な中身に入る前に、まずは画面設計とデザインについて説明します。

　画面設計は、システム担当者が技術的な視点で設計するものであり、機能要件で定義された機能をシステムが提供できるように設計するものです。デザインと画面設計の範囲は必ずしも明確なわけでもなく、システム担当者やデザイナーの力量によっても異なってきます（**表3-9**）。どこまで分担すべきかは、明確に合意する必要があります。ちなみに、WebシステムのデザイナーをWebデザイナーと呼びます。

表3-9：システムとデザインの境界

システムの領域	中間の領域	デザインの領域
・画面項目 ・ボタン、リンク ・画面遷移	・構成、配置	・色調 ・ロゴ、画像 ・フォント

　ユーザービリティにかかわるような話題は、システムとデザインの中間の領域にあります。例えば、ボタンをどこに配置するのかは、機能的な側面とデザイン的な側面の両面から考える必要があります。

　また、Webデザイナーにデザインを依頼する場合に、デザイナーの成果物が何かに注意する必要があります。可能な限りHTML/CSSで納品してもらうことが重要です。最近では、WebデザイナーでありながらCSSを記述できない人がいますが、ドローツールで書かれたデザインだけでは、実際にHTML/CSSで作成したものをブラウザで確認する場合とは印象が異なります。Webデザインが他の媒体と大きく違う点は、最終的にデザインされたものがブラウザというツールを使って表示されるところです。Webデザイナーであっても、ブラウザによるCSS表示の差異などを把握しておいてほしいものです。

画面の種類

　画面は、外部仕様の代表的なものです。画面とはGUI（Graphical User Interface）のことで、CUI（character user interface/character-based user interface）とは異なります。画面は、システムの利用者が視覚的に操作できるので、操作性の高い機能を提供できます。多くのシステムで画面が提供されていますが、人間が直接操作しないバックグラウンドで動作するようなサーバープログラムには、画面がないものもあります。画面設計に関する代表的なクライアント技術を**表3-10**にまとめておきます。

　画面は、ユースケース記述と概念モデルをもとにして、業務担当者にヒアリングをしながら検討していきます。

表3-10：代表的なクライアント技術

クライアント技術	説明
ファットクライアント	クライアント／サーバー型システムにおけるクライアントの1形態。クライアントに専用アプリケーションをインストールして使用する。ファットクライアントは、クライアント側で動作するためのデータや機能をすべて持つ。サーバーがなくても動作できるが、クライアントマシンの性能に依存する
シンクライアント	クライアント／サーバー型システムにおけるクライアントの1形態。クライアントに専用アプリケーションをインストールして使用する。シンクライアントはファットクライアントとは異なり、ほとんどのデータと機能をサーバー側に任せる。クライアントマシンの性能が低くてもサーバーへネットワーク経由で接続できれば動作可能。高度な処理を行う場合や、多数のクライアントと情報を共有する場合に適した仕組み
リッチクライアント	クライアント／サーバー型システムにおけるクライアントの1形態。クライアントに専用アプリケーションをインストールして使用する。専用アプリケーションは、クライアントマシンのネイティブアプリケーションなので、高度な操作性が実現できる。サーバーと連携して必要なデータをダウンロードして動作する。ファットクライアントとシンクライアントの中間に位置し、サーバーと連携しつつもクライアント側でもある程度の機能を行える。Windows環境では、Visual Basic/.NETなどで開発される。JavaではSwing/AWTなどで開発される
Web	インターネットの普及に伴って広まったクライアント。プロトコルは標準規格であるHTTP(S)で、表示形式はHTML/CSS。プロトコルと表示形式を標準化したことで専用アプリケーションをインストールする必要がなく、汎用Webブラウザで操作可能になっている。クライアントであるWebブラウザ上でJavaScriptを動作させて、画面表示やサーバーとの通信を行うこともできる。最初にWebブラウザに読み込んだJavaScriptだけで複数のページを表現するSPA（Single Page Application）もある。主なWebブラウザは、Microsoft Edge、Google Chrome、Safariなど

　すでに述べましたが、本書では通常のWebを使って画面を作成することを前提とします。

UI設計ポリシーの作成

UI（ユーザーインターフェイス）設計ポリシーを作成します。画面数は、大きいシステムでは数百〜数千になります。これらの画面のデザインや構成などがバラバラだと、利用者は使いにくいでしょう。開発するにも、画面の部品を共通化できないので開発効率が悪くなります。UI設計ポリシーは、個々の画面に統一感のあるユーザービリティを実現するためのものです。

画面設計は、顧客が最も大きな関心を寄せる部分です。重要ということもあるでしょうが、視覚的に見える画面というものは顧客にとっても親近感があり、イメージしやすいものなのです。ミーティングを行うと、顧客の関心が集まるので、さまざまな意見が出ます。普段はひと言も意見を出さないような顧客の担当者でも、画面設計となれば目を輝かせて意見を言ってくれます。意見が多く出るのは良いことですが、時に収束できないくらいに議論が発散することもあります。議論を収束させるには、ポリシーを決める必要があります。

画面設計にもポリシーを作成します。これをUI設計ポリシーと呼びます。先にUI設計ポリシーを作成し、それから各画面の各論に入ることで、同じ問題でつまずくこともなくなります。

UI設計ポリシーでは、次の内容を検討します。

●前提条件
●画面レイアウトパターン
●画面機能パターン
●画面項目パターン

UI設計ポリシーの作成は技術的な問題だけでなく、ユーザービリティやデザインの観点からも検討する必要があります。顧客を検討に巻き込むことは重要ですし、さらに必要な場合は、ユーザービリティやデザインの専門家にも検討に参加してもらったほうがよいかもしれません。

画面設計の前提条件

　Webであれば、**表3-11**のような前提を決めます。これらは、非機能要件に含まれるかもしれません。顧客と相談して決める必要があります。

表3-11：画面設計の前提条件

検討項目	説明
対応ブラウザ	対応ブラウザを検討する。ブラウザによっては、CSSやHTMLタグの属性が異なる。JavaScriptもブラウザによって仕様が異なるので、JavaScriptを使う場合も検討する必要がある
ディスプレイ解像度	前提とするディスプレイ解像度を縦と横で検討する。主にシステムを利用するのがデスクトップPCなのかノートPCなのかで、一般的な解像度が異なる
画面レイアウト幅	ディスプレイ解像度に関連して、画面レイアウトの幅を固定幅にするのか、ブラウザ幅にあわせた可変幅にするのかを決める。固定幅の場合は、具体的なピクセルなどを指定する
文字コード	出力するHTMLファイルの文字コードを決める。最近ではUTF-8が一般的

画面レイアウトパターン

　画面レイアウトパターンの検討では、ヘッダー、フッター、メニュー、ボディなどの画面の共通レイアウトを設計します。例えば、**図3-15**のような画面レイアウトが考えられます。ヘッダーやフッターはほとんどのシステムにありますが、メニューの配置の仕方はシステムごとに異なるでしょう。また、コンテンツや機能の数や構成によって、メニューの配置も考える必要があります。

　この例では、最上部にヘッダーがあります。ヘッダーには、このシステムのロゴやタイトルが表示されることでしょう。他にも、ログインやヘルプといった基本的な機能へのリンクを配置してもよいかもしれません。

　メニューは2種類です。ヘッダーの下にはメインメニューがあります。メインメニューには、このシステムのコンテンツや機能へのリンクが張られる

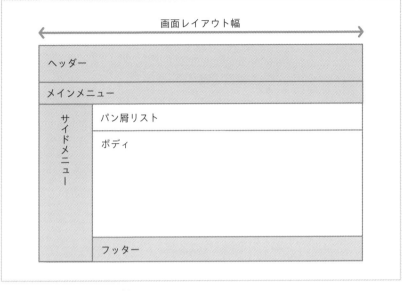

図3-15：画面レイアウトの例

ことでしょう。サイドメニューをサブメニューとして使い、選択されたメインメニューに応じてメニュー項目を切り替えるとよいでしょう。

　最下部にはフッターがあります。フッターをサイドメニューの下まで幅を広げてもよいかもしれません。フッターもヘッダーと同じような使い方ができます。ロゴやタイトルを表示したり、ヘルプのような基本的な機能へのリンクを配置してもよいかもしれません。

　こうしたヘッダー、メインメニュー、サイドメニュー、フッターは、各画面に共通して表示されるものです。それに対して、パン屑リストとボディは、表示するページによって内容が異なります。パン屑リストは、Webサイトの中で現在表示しているページの位置を、階層構造の上からリンクとして表示するものです。よくあるパン屑リストは、次のようなものです。

　［TOP］>［注文］>［注文照会］

129

　ボディには、そのページのコンテンツが表示されます。コンテンツの量が多い場合は、ボディが縦に長くなり、ブラウザでスクロールされるようになります。

画面機能パターン

　画面機能パターンでは、検索画面、一覧画面、登録・更新画面などの機能に応じて、画面レイアウトにおけるボディの構成と画面遷移をパターンとして検討します（**表3-12**）。

表3-12：画面機能パターン

画面機能パターン	説明
検索画面パターン	情報の検索条件を入力する画面のパターン
一覧画面パターン	情報を一覧表示する画面のパターン
登録・更新画面パターン	情報を登録・更新する画面のパターン。確認画面と完了画面を含める
削除画面パターン	情報を削除する画面のパターン。確認画面と完了画面を含める

　例えば、検索画面パターンは**図3-16**のようなものが考えられます。検索条件は表組みになっており、項目名と項目入力フィールドが対になっています。

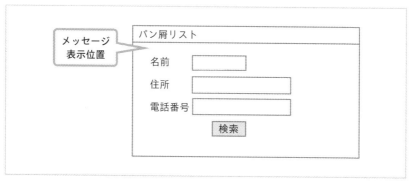

図3-16：検索画面の例

　検索ボタンは、検索条件の下に中央寄せで配置されています。検索条件が多い場合は、スクロールして隠れる可能性があります。ボタンの配置についても統一したポリシーが必要になります。検索画面パターンには、検索条件が何も入力されないような不正な条件の時にエラーメッセージを表示することにします。そのような場合は、メッセージ表示位置やメッセージの色なども明確に規定しておく必要があります。

　例えば、一覧画面パターンは**図3-17**のように考えられます。一覧画面では、件数が多い場合にページ制御を行うことがあります。グーグルで検索すると、何件中の何件から何件までを表示していて、次のページを見たい場合はリンクを押すようになっています。それと同じような仕組みを作る必要があります。そのようなページ制御をする場合に、単に「前へ」「次へ」だけなのか、いくつかのページ番号を横並びに表示してリンクを表示するのかなど、表示方法にもいろいろあります。この表示方法によってプログラムの作りも変わります。

図3-17：一覧画面の例

　ページ番号にリンクを付ける表示方法の場合、**図3-18**のようになるかもしれません。

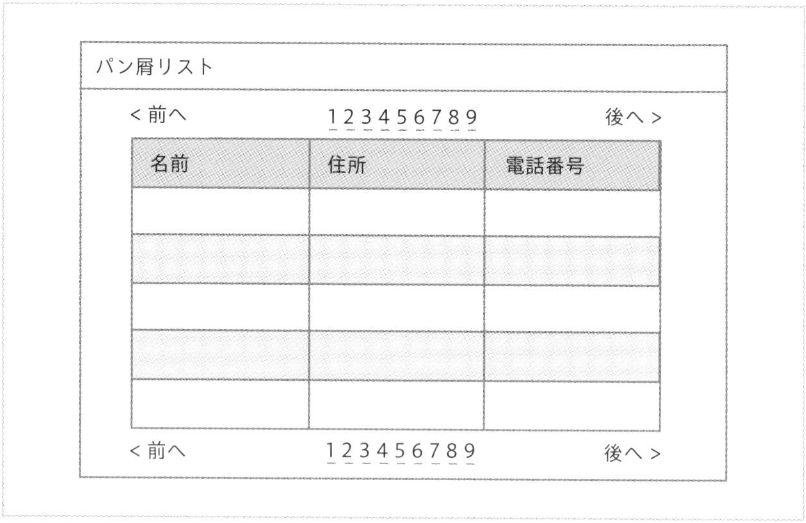

パン屑リスト

< 前へ   1 2 3 4 5 6 7 8 9   後へ >

名前	住所	電話番号

< 前へ   1 2 3 4 5 6 7 8 9   後へ >

図3-18：ページ番号にリンクを表示する例

この他に、一覧画面パターンで検討する内容としては、一覧の各行を交互に色分けするかどうかがあります。各行を色分けすることで見やすくなります。

検索パターンの結果として、一覧画面パターンが表示されることが多いでしょうから、2つのパターンをあわせて画面遷移のパターンを定義します（**図3-19**）。この画面遷移図は、UMLのステートチャート図で書いたものです。

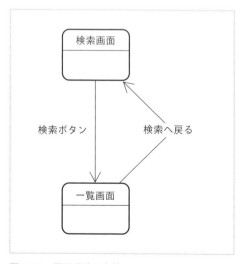

検索画面

検索ボタン   検索へ戻る

一覧画面

図3-19：画面遷移の定義

登録画面パターンは**図3-20**のようになります。更新画面パターンも、こ
れとほぼ同様です。登録する情報を入力して登録ボタンを押すと確認画面が
表示され、入力した登録する情報を確認できるものとします。また、確認後
には完了画面が表示されるものとします。

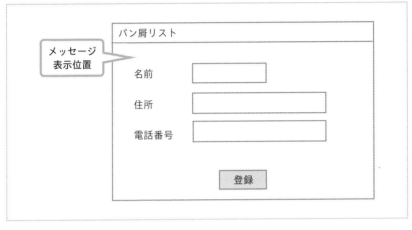

図3-20：登録画面の例

　確認画面パターンは、**図3-21**のようになります。

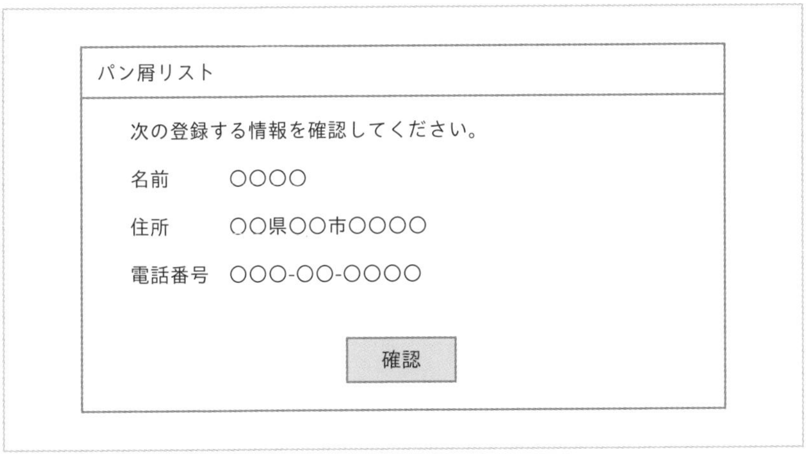

図3-21：確認画面の例

完了画面パターンは、**図3-22**のようになります。

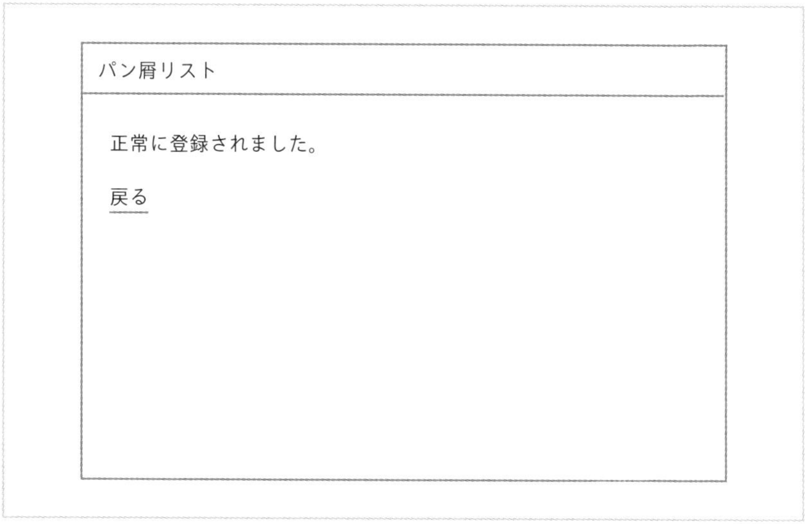

```
パン屑リスト

正常に登録されました。

戻る
```

図3-22：完了画面の例

　完了画面パターンではメッセージを表示するだけですが、それとあわせてトップページなどに画面遷移するためのリンクを配置することがあります。これも、各画面で統一されていないとユーザービリティが悪いので、UI設計ポリシーで検討します。場合によっては、連続して登録するために登録画面に遷移させることもあります。利用者の視点で検討してみてください。

　登録画面、確認画面、完了画面の画面遷移は**図3-23**のようになります。

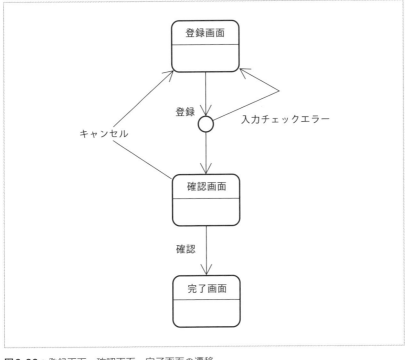

図3-23：登録画面、確認画面、完了画面の遷移

画面項目パターン

画面項目パターンでは、画面に配置する項目の形式を検討します。項目には、表示項目と入力項目があります。入力項目としては、「電話番号を3つの入力項目とするのか、1つの入力項目とするのか」「都道府県をリストボックスで選択させるのか、直接入力させるのか」など、入力項目の画面上の形式について検討します。入力項目の入力された値の妥当性のチェックは、ここでは検討しません。

例えば、画面項目パターンは**表3-13**のようになります。

表3-13：画面項目の例

項目	説明	
電話番号	入力	市外局番、局番、番号を3つの入力項目とする
	表示	市外局番、局番、番号を半角ハイフンで区切って表示する
都道府県	入力	リストボックスで表示・選択する リストボックスは都道府県コード（JIS X0401）の昇順とする
	表示	テキストで表示する
住所	入力	市区町村、町名番地、アパート・マンション名の3つの入力項目とする
	表示	市区町村、町名番地、アパート・マンション名を半角スペースで区切って表示する

　UI設計ポリシーが完成したら、実際にHTML/CSSで各パターンのテンプレートを作成するとよいでしょう。デザインも取り込むことができれば、なお良いです。後で画面モックアップを作成していきますが、事前にテンプレートを用意したほうが効率が良いことや、HTMLファイルをブラウザで顧客にも見てもらうことで、UI設計ポリシーの不備に気付くことができます。

画面遷移図の作成

　UI設計ポリシーの画面機能パターンと、ユースケース記述を使って、画面遷移図を作成します。シナリオを実現するにはどのような画面が必要で、それらの画面はどのように関連しているかを図で表現します。
　画面遷移図を記述する目的は、次のとおりです。

●ユースケース記述を実現する画面を洗い出す
●ユースケース記述を実現する画面遷移を洗い出す
●ユーザービリティを考慮した画面遷移を洗い出す

　ユースケース記述の主シナリオと拡張シナリオを実現する画面と画面遷移を記述します。画面には、画面名と管理のための画面IDを付けます。画面名と画面IDは、開発プロジェクトごとに命名ルールを決めるべきです。例えば「会員登録画面」のように、「主語＋動詞＋画面」といった形式で付けるとよいでしょう。画面IDは「MEM-0001」のように、会員系画面を表す「MEM」と通番の組み合わせがよいかもしれません。

　画面遷移図は、どのようなクライアント技術を使うかで記述の仕方が少し違います。普通のWebであれば、画面はHTMLページを指します。画面遷移はフォームかリンクを指します。これは、Webであれば暗黙的に画面遷移がサーバーの呼び出しを表すことを意味します。

　リッチクライアントやWebでも、RIAの場合は1つの画面で画面遷移をせずに処理や表示が変わることがあります。画面操作によってどのようなクライアント処理が呼び出されるのか、サーバーが呼び出されるのかが違います。

　画面遷移図の作成には、Visioのようなツールを使ってもよいですし、UMLのステートチャート図のようなものを応用してもよいでしょう。画面遷移図は頻繁に更新されるので、使い勝手が良いツールを選ぶべきです。特に、画面間の関連を簡単に付け替えられるようなツールを選ぶとよいでしょう。その意味で、ExcelやPowerPointはお勧めできません。また、条件によって遷移先の画面を切り替えるような場合もあり、画面遷移の分岐を表現できるようなツールであればなおよいでしょう。

Ajax

　Ajaxは、「Asynchronous JavaScript + XML」の略です。エイジャックス、もしくはアジャックスと読みます。これは、JavaScriptを使った非同期データ通信を行う技術のことです。JavaScriptで非同期にデータをダウンロードすることで、ユーザーの操作によって必要なデータだけを取得できるようになります。さらに、JavaScriptとCSSを高度に利用することにより、柔軟なUIを提供できるようになります。JavaScriptもCSSも以前からあった技術ですが、その応用方法がAjaxとして広まったのです。

　Ajaxにより、Webの画面設計も従来とは違うものになりました。従来は、画面遷移を行わなければ画面に表示される情報はほとんど変わりませ

んでした。画面遷移をする時にどのような情報を表示するかを考えればよかったのですが、ユーザーの画面操作に応じて画面表示とサーバーへのデータ取得を検討する必要があります。リッチクライアントの設計手法により近くなったのです。

画面一覧の作成

画面遷移図に登場した画面を整理して、画面一覧を作成します。画面一覧では、画面IDを採番して管理するとよいでしょう。

画面モックアップの作成

UI設計ポリシーと画面遷移図を作成したら、具体的な画面のイメージを作成します。モックアップは「実物大模型」という意味です。画面設計でも、HTMLファイルを作成して画面モックアップを作成します。画面モックアップの目的は、次のものを具体的に検討することです。

- ●画面項目を明らかにする
- ●画面項目の配置を明らかにする
- ●画面遷移を確認する
- ●実装前の画面イメージを確認する

画面項目は、概念モデルと対応付けながら、過不足を確認していきます。注文画面であれば、概念モデルの注文クラスが持っている属性や関連する概念の過不足を確認します。仮に概念モデルに不足があることがわかったら、概念モデルを更新します。

画面モックアップの時点で、画面項目や画面遷移、その他の画面全般について仕様をできるだけ確定しておきたいものです。この後、画面入力チェック仕様書の作成や内部設計を行いますが、顧客からはわかりにくい内容になっていきます。画面モックアップで確認することが、顧客にとっても開発側にとっても良いのです。

　画面モックアップは、実際にHTMLのリンク<A>やフォーム<FORM>を記述して、画面遷移ができるようにすべきです。これにより、画面モックアップの操作性が格段に上がります。顧客もじっくり確認してくれるようになるでしょう。

画面入力チェック仕様書の作成

　画面モックアップに沿って、画面入力項目の入力チェック仕様をまとめます。画面入力項目には、文字列を入力する項目だけでなく、選択式であるリストボックス、チェックボックス、ラジオボタンなども含まれます。

　画面項目を縦軸にとり、**表3-14**のようなチェック項目を横軸にとって表を作成するとよいでしょう。

表3-14：画面項目の横軸のチェック項目

チェック項目	説明
フォーマット	文字列、数値、リストボックス、チェックボックス、ラジオボタンなど
デフォルト値	入力項目にデフォルトで表示される値 リストボックスでは初期選択されている値
必須	入力が必須であるか、任意であるか
最小（文字数、数値）	文字列であれば最少文字数。数値であれば最小値
最大（文字数、数値）	文字列であれば最大文字数。数値であれば最大値
利用可能文字	全角／半角、英字、数字、記号などの範囲

　画面項目には同じようなものが多いので、入力チェック仕様も重複のない仕様になるようにしましょう。例えば、会員住所も社員住所も同じ住所であることに変わりはないので、住所という標準チェック仕様をまとめておくとよいでしょう。各担当者がその標準チェック仕様を参照することで、整合された仕様にすることができます。

　入力項目によっては、複数の項目の値の間に関連があります。例えば、アンケートフォームのように、ある回答をチェックボックスで選択した人だけ、その入力項目の入力が必須になる場合です。入力チェック仕様書には、このような項目間チェック仕様についても記述します。

　入力チェック仕様で注意が必要なのは、データベースの情報を使って行うようなチェックです。例えば、入力された値がデータベースに登録されていないことを確認するなどです。このようなデータベースを使わなければ行えないようなチェック処理は、画面設計での入力チェック仕様ではなく、ビジネスルールの範囲です。

外部システムI/F設計

■

外部システムI/Fは、ネットワークやファイル交換などにより、外部システムとデータを交換する部分です。I/Fはインターフェイス（Interface）の略です。Webも、HTTPプロトコルを使ったWebブラウザとの外部システムI/Fです。ただ、Webブラウザとの間の連携方法には確立されたものがあるので、改めて設計する必要はありません。ここでいう外部システムI/Fは、開発しようとしているシステムから、自社の基幹システムに対して、あるいは他社の取引システムや決済システムなどに対して、個別の方法で連携することを想定しています。

外部システムI/Fの方式はいくつかあります。まず、同期か非同期があります。同期とはリクエストと処理が同時に実行されるもの、非同期とはリクエストされたタイミングから遅れて処理が実行されるものです。同期の代表的なものはWeb API、非同期の代表的なものはPub/Subなどのメッセージングサービスやファイル連携があります。どういった方式を選ぶかはシステムの非機能要件によって決まります。リアルタイムに結果を返す必要があるなら同期を選び、処理時間がかかるなら非同期のメッセージングサービスを、バッチ処理のようなデータ量が大きく処理時間がかかるのであればファイル連携を選ぶといった設計判断を行います。

主要なものにWeb APIや非同期メッセージ（Pub/Subなど）やファイル連携があります。

Web APIはWebサービスを開発するための、主にHTTPを使った外部システムI/Fの方式です。Web APIの形式としてREST（Representational State Transfer）やSOAP（Simple Object Access Protocol）は一般的なものです。REST制約に従ったものをRESTfulといいます。RESTfulというとURIでリソースを表現するUniform interfaceが有名ですが、Statelessであることがス

ケーラビリティを実現するためには重要です。Statelessとはリクエスト間でHTTP Sessionなどを使って状態を維持しないということを意味します。RESTではレスポンス形式としてXMLよりもJSON（JavaScript Object Notation）を利用することが多く、XMLを使うSOAPよりも扱いやすくなっています。

　一般的に、外部システムI/Fは、開発するうえでのリスクを伴います。相手側のシステムのI/Fが明確に定義されていればよいのですが、独自のプロトコルだったり、開発中である場合には、こちらのシステムの開発にも影響があるからです。できるだけ早く明確な仕様を入手し、できるだけ早くプロトタイププログラムによる疎通テストを行うとよいでしょう。相手先から提供されたI/F仕様どおりに作ったとしても、必ずしもうまく動作するとは限らないのです。

　外部システムI/Fを設計するにあたって、次のような項目を検討します。

●接続先
●プロトコル・手段
●タイミング
●インターフェイス項目仕様
●認証・セキュリティ
●例外処理

　最近ではRESTだけでなくGraphQLというAPIも登場しています。高度なクエリをサポートしているので、クライアントからのデータ取得が柔軟に行えます。多機能であるという利点があるものの、サーバーの実装が多少複雑になります。

　自システムと相手側システムの間で、順序立ったデータ交換が発生するのであれば、シーケンス図などでどのようなやり取りが行われるのかを整理します。

　外部システムI/Fは、接続相手先の都合で変更されるおそれがあります。そこで、外部システムI/Fを設計するうえでは、外部システムI/Fに依存した処理を共通化し、局所化するようにします。「ネットワークに接続するクラス」「シーケンスを制御するクラス」「送受信データを読み書きするクラス」「例外処理を行うクラス」くらいに共通化・局所化して設計したいもの

です。送受信するデータのパターンに応じてクラスを定義しておけば、ネットワーク接続の方法が変わらない限り、クラスの数もそれほど多くはなりません。

　また、外部システムI/Fでは、障害発生時などの例外処理をどうするかが重要です。ネットワークやファイル交換によるI/Fでは、データベースのようなトランザクションの仕組みがありません。したがって、ネットワークで通信中に回線がダウンした場合や、ファイルの出力中にディスクフルになった場合などに、処理が中断せざるを得ないことがあります。処理が中断すると、データを半分送信した状態でネットワーク接続が遮断されます。例外処理として単に処理を中断してログを記録すればよいのか、それともシステムが自動的に再送するような機能を盛り込むのかなどを検討します。自動的に再送するにはさまざまな方法があるでしょうが、例えば非同期メッセージングサービスのような仕組みが必要になるかもしれません。サーバープログラムのように並列して処理が行われていると、再送する時にメッセージの順番を管理する必要があります。複数のメッセージの再送が必要な場合や、再送するメッセージと障害回復後に正常に処理されているメッセージとの順番を制御する必要があるのです。そうしないと、メッセージの追い越しが発生してしまいます。その場合は、JMS（Java Message Service）製品の導入などを検討します。メッセージの内容によっては、追い越しが発生しても問題がないこともあります。

バッチ設計

バッチは、サーバープログラムのように常駐しておらず、ある時間が来るか、手動での起動によって実行されるプログラムです。サーバープログラムでリアルタイムに処理を行うには時間や負荷がかかりすぎるような処理を、バッチプログラムとして夜間など他の処理の負荷が低い時間帯に実行します。大きなシステムでは、多数のバッチプログラムを決まった順番と時間帯に実行する必要があります。そのような場合は、バッチを決められた順番と時間帯に応じて起動・実行するジョブスケジュール管理製品を導入することもあります。

バッチ設計での主な項目は次の4つです。

- ●実行タイミング
- ●実行制御、ジョブ制御
- ●トランザクション
- ●リカバリー

バッチ設計で難しいのは、パフォーマンスと例外処理です。バッチは、決められた時間帯の中で大量のデータを処理するので、パフォーマンスを十分に考慮する必要があります。バッチで処理する内容にもいろいろあるでしょうが、多くは大量のデータベース操作をするか、大量のファイル操作をするか、非常に時間のかかる計算処理を行うかです。最も多いのはデータベース処理でしょう。データベース処理は、SQLの記述の仕方でパフォーマンスが大きく異なります。必要であれば、OracleのPL/SQLのような組込み型のSQLを使うことも検討します。また、バッチをどのプログラミング言語で作成するかですが、基本的にどのような言語でも大きな影響はないでしょう。

結局、データベース操作かファイル操作のようなI/O処理がパフォーマンスのほとんどを決めるので、Javaでもあまり問題はありません。

　データベースを操作するバッチのトランザクションスコープは、パフォーマンスと例外処理に影響があります。トランザクションスコープがあまりに大きいと、数千件、数万件の処理を行ってもコミットされないので、仮にバッチ処理が途中でダウンした場合には、すべてがロールバックされてしまいます。これでは、リカバリーが何度も実行できず、決められた時間帯の中で終わらないバッチになってしまいます。逆に、トランザクションスコープが小さすぎると、パフォーマンスが悪くなります。データベース操作では、コミット時にデータベースが更新されるので、コミットの回数が多いと、データベースの更新も多数実行されてしまいます。数百件や数千件など、決まった件数を処理したタイミングでコミットするようにします。

帳票設計

　各種のレポートや、書面などの帳票の出力を設計します。帳票も外部仕様の1つです。

　帳票にはいくつかの種類があります。例えば、入力を目的にした帳票と出力を目的にした帳票です。出力を目的にした帳票にも、業務を遂行するために必要な伝票のような帳票や、レポートや分析結果を出力する帳票などがあります。それぞれの種類ごとに、出力内容や出力形式、出力方法、出力頻度などが異なります。出力方法としては、Webから帳票のPDFファイルをダウンロードできたり、WebのHTMLページに帳票の画像ファイルを表示したり、画面からの指示でプリンタから印刷するような方法があります。帳票には、出力形式の管理やPDFファイルや画像ファイルの作成、実際にプリンタからの印刷といった、Javaなどのプログラミング言語の標準的なAPIでは提供されていない機能が必要になります。帳票を作成するためのパッケージ製品なども販売されているので、それを利用してみるのもよいでしょう。

データベース論理設計

次に、データベース論理設計のポイントを説明します。

データベース論理設計の概要

　概念モデルをもとにデータベース論理設計を行います。データベース論理設計では、データベースに作成するテーブルとテーブルのカラム、またそれらのカラムがテーブルにおいてキーであるかなどを設計します。データベース論理設計では、論理ER図を作成します。ER図とはEntity Relationship Diagramの略で、ERDと呼ぶこともあります。ER図にはいくつかの表記方法がありますが、IDEF 1X表記とIE表記のどちらかを採用するのが一般的です。本書では、IDEF 1X表記を採用します。

　実際にER図を記述する場合は、何らかのER図作成ツールを使用するとよいでしょう。ER図作成ツールの多くは、IDEF 1X表記とIE表記の両方をサポートしているので、表記を間違えることがありません。また、主キーや外部キーを自動的に判断して表記してくれたり、OracleやMySQLなどの主流になっているデータベース製品のDDL[注3-2]を自動生成してくれるものもあります。概念モデルをすでに作成しているので、データベース論理設計はそれほど難しくありません。データベース論理設計の目的は、概念モデルで表現されたモデルをリレーショナルデータベースで扱える形式に書き換えることです。

注3-2：Data Definition Languageの略。create database文やcreate table文などのこと。

　データベース論理設計では、論理ER図を作成してリレーションを正規化します。正規化とは、データの冗長性を排除し、データに一貫性を持たせて不整合なく管理する方法です。この方法を適用した結果を正規形と呼び、第1正規形から第5正規形まであります。第n正規形の数が多いほど良い設計ですが、一般的には第1正規形から第3正規形までを行います。

　第（n+1）正規形は、第n正規形を満たします。正規化で行うことは、わかってしまえば非常に常識的なことです。ただ、常識的ではあるものの重要な考え方なので、一度しっかり理解しておきましょう。本書でも、基本である第1正規形から第3正規形までを簡単に説明し、さらに完全な正規形であるボイスコッド正規形を説明します。

　データベースを扱う時、テーブルや行、列といった用語を普通に使います。しかし、もともとのリレーショナルデータベース理論では、違う用語を使います。テーブルを関係（リレーション）、行をタプル、列を属性（アトリビュート）と呼びます。

　エドガー・F・コッド氏が、1968年にリレーショナルモデルを発表しました。これが、現在のリレーショナルデータベースの基本理論になっています。この理論は、数学の集合論をデータベースに適用したものです。例えば、SQLでJOIN（結合）と書くのも、2つの集合を結合することを意味します。この理論では、テーブルのような「表形式」ではなく「関係」と考え、行は述語による命題を表現したタプルになります。列は、関係に付随する属性です。こうした理論は、リレーショナルデータベースを正確に理解するうえで重要です。ただ、初心者には難解なので、本書ではテーブル、行、列という用語を用いて説明を続けたいと思います。

　データベース論理設計では、次のような重要なキーワードが登場します。

●候補キー
●関数従属（完全関数従属、部分関数従属）
●推移的な関数従属

これらは、これから少しずつ説明します。

リレーションの正規化

それでは、リレーションの正規化を具体的に考えていきます。

第1正規形

　第1正規形は、テーブルのすべてのカラムが、これ以上分割できないカラムで構成されているテーブルのことです。分割できないカラムとは何でしょうか？ 簡単にいうと、繰り返し構造のないテーブルのことです。これ以上分割できない値をスカラ値と呼びます。

　図3-24のようなテーブルがあるとします。ご覧のように、社員テーブルです。この会社では、社員は複数のプロジェクトにアサインされることがあります。カラムとしてプロジェクト名1、プロジェクト名2、プロジェクト名3を持っています。

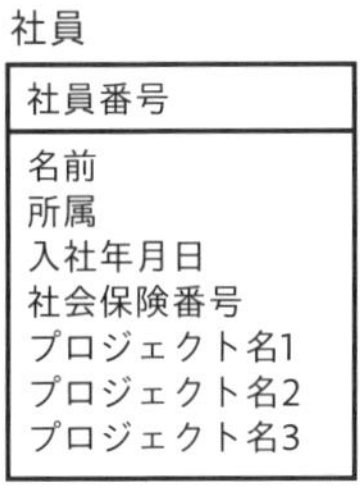

社員

社員番号
名前
所属
入社年月日
社会保険番号
プロジェクト名1
プロジェクト名2
プロジェクト名3

図3-24：社員テーブル

　さて、明らかに気持ちが悪いテーブル設計ですよね。所属するプロジェクト名をカラムとして持っています。当然ながら、4つ目のプロジェクトにアサインされてしまうと破綻します（4つもプロジェクトにアサインされたくはありませんが）。この社員テーブルは、プロジェクト名に繰り返し構造を持っているので、第1正規形ではありません。

　第1正規形にするには、**図3-25**のようにプロジェクトを別のテーブルにします。

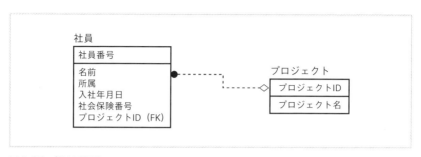

図3-25：第1正規形

　第1正規形の考え方は、直観的にはわかりやすいと思います。図3-24のように、プロジェクト名を3つも持つのは明らかに冗長な構造だからです。では、例えばXML文書がそのまま文字列カラムに登録されていたら、それはスカラ値といえるでしょうか？ XML文書は、これ以上分割できないかというと、XMLタグ単位などに分割できそうです。さらに、タグを文字単位に分割することもできます。はたして、XML文書をタグ単位や、さらに文字単位に分割してデータベースに格納することが良い設計でしょうか？

　第1正規形は、必ずしも何でもかんでも細分化せよと言っているわけではありません。やはり、特に理由がなければ、XML文書は単一の値として1つのカラムに登録するのがよいのです。XML文書の値をリレーションとして使わないことが前提となります。**図3-26**のように、XML文書をそのまま格納するようなカラム名を付けることで明確になります。

図3-26：XML文書をそのまま格納

データベース理論

　リレーショナルデータベース理論は、本文中で述べたようにコッド氏によって研究されました。これに関する参考図書を挙げておきます。興味のある人は一読してみてください。

『データベース実践講義──エンジニアのためのリレーショナル理論』
(C.J.デイト著、ISBN：9784873112756)

　この書籍は、SQLだけでリレーショナルデータベースを見ていた人にとっては、まさに"目からウロコ"です。リレーショナルデータベース理論は、古くて新しい理論なのです。

　他にも、オブジェクト指向データベースも、リレーショナルデータベース理論とは別の理論です。オブジェクト指向データベースには、オブジェクトをそのまま格納できる利点があります。オブジェクト指向データベースを使えば、O/Rマッピング（Object Relational Mapping）のような仕組みは不要です。オブジェクト指向データベースの推進派は、リレーショナルデータベースが限界に来ていると言っています。

　ただ、上記の書籍にあるリレーショナルデータベース理論を読むと、リレーショナルデータベース理論に問題があるのではなく、理論の実装であるリレーショナルデータベース製品が限界に来ているのではないかと思います。継承なども関係の一種であると考えるのは、オブジェクト指向としても自然ではないでしょうか。

　O/Rマッピングで問題になるのが、継承でJOINを使う際のパフォーマンスです。いってしまえば、オブジェクト指向プログラミング用にチューニングされたリレーショナルデータベースが登場すればよいのかもしれません。実際、現在のオブジェクト指向データベースの実装は、リレーショナルデータベースのノウハウを活用しているはずです。もちろん、理論があっての実装ですし、実装があるから理論が広まっているわけですが。

第2正規形

第2正規形は、あるテーブルが第1正規形であり、なおかつすべての非キーカラムがすべての候補キーに対して完全関数従属する場合のテーブルのことです。言い換えると、すべての非キーカラムがすべての候補キーに対して部分関数従属しないテーブルです。

また新しい用語が登場しましたね。「候補キー」と「完全関数従属」と「部分関数従属」です。

候補キーとは、その行を一意に特定することができるカラム、もしくはカラムの集合を指します。候補キーの中から1つが主キーになることができます。行には必ず候補キーが1つ以上あります。例えば、**図3-27**の社員テーブルには候補キーがいくつかあります。

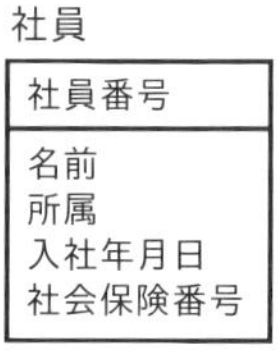

図3-27：社員テーブル

当然ですが、まずは主キーである社員番号です。また、社会保険番号も候補キーです。社会保険番号は、社会保険庁が正しく管理している限り、一意に特定できます。この2つは単独のカラムで候補キーになります。さらに、所属している部署に同姓同名の人がいない場合は、所属IDと名前でも候補キーになり得ます。

＜3つの候補キー＞
●社員番号
●社会保険番号
●所属IDと名前

次に、完全関数従属と部分関数従属です。関数従属とは、Aが決まるとB
も必ず決まる関係を指します。これは「A→B」と表記でき、Aを決定項、
Bを従属項といいます。先ほどの候補キーの話でいうと、社員番号が決まる
と社員が決まるので、「社員は社員番号に関数従属する」といいます。同じ
ように、社員は社会保険番号に関数従属します。また、社員は所属IDと名
前にも関数従属します。

さらに、社員番号が決まると入社年月日も決まるので、入社年月日は社員
番号に関数従属しています。所属名も、社員番号に関数従属しています。こ
こで、部分関数従属の登場です。先ほどの例では、所属名は所属IDに関数
従属しています。所属IDは、候補キーの部分集合です。このように、決定
項である候補キーの部分に関数従属することを部分関数従属と呼びます。候
補キーに対して部分関数従属していると、第2正規形ではありません（**図
3-28**）。第2正規形にするには、**図3-29**のように分割します。

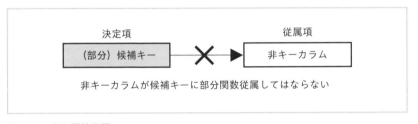

図3-28：部分関数従属

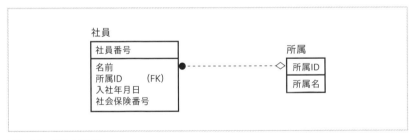

図3-29：第2正規形

第2正規形は、候補キーへの部分関数従属を禁じています。ですから、所
属に同姓同名が許されるのであれば、所属IDは候補キーの一部ではなくな

るので、図3-29のテーブルのままでも第2正規形といえます。

第3正規形

第3正規形は、あるテーブルが第2正規形であり、なおかつすべての非キー属性がすべての候補キーに非推移的に完全関数従属する場合のテーブルのことです（**図3-30**）。

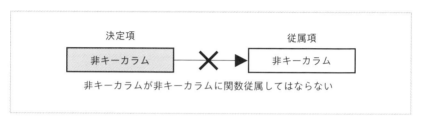

図3-30：完全関数従属

第2正規形は、候補キーへの部分関数従属を禁じていますが、第3正規形は候補キーへの推移的な関数従属を禁じています。

前述したとおり、関数従属とは、Aが決まると必ずBも決まる関係を指すものです。これは「A→B」と表記します。推移的な関数従属とは「A→B→C」と表記するもので、Aが決まるとBが決まり、さらにBが決まるとCも決まるという関係です。

先ほどの第2正規形の例を使って説明しましょう。社員の候補キーには「社員番号」「社会保険番号」「所属IDと名前」の3つがあると述べました。最後の「所属IDと名前」が候補キーになるのは、同じ所属に同姓同名を配属しないケースだけです。同じ所属に同姓同名を配属する場合は、「所属IDと名前」は候補キーではありません。その場合でも、第3正規形を使うことできれいにできます（**図3-31**）。

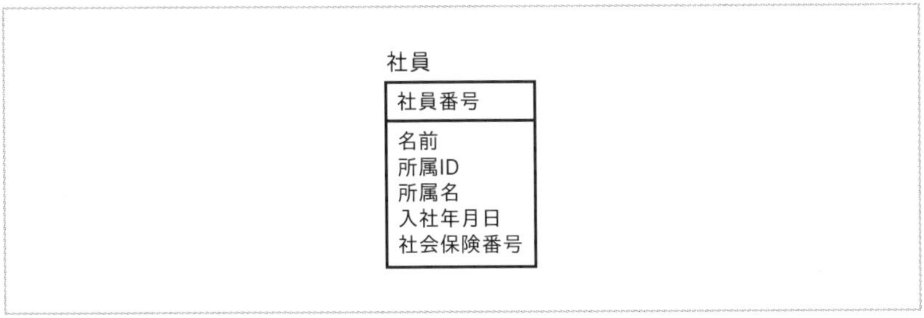

社員
社員番号
名前
所属ID
所属名
入社年月日
社会保険番号

図3-31：第3正規形

「社員番号」「所属ID」「所属名」は、推移的な関数従属の関係にあります。社員番号が決まると所属IDが決まり、さらに所属IDが決まると所属名が決まります。つまり、「社員番号→所属ID→所属名」となっています（**図3-32**）。

社員
社員番号
名前
所属ID (FK)
入社年月日
社会保険番号
所属
所属ID
所属名

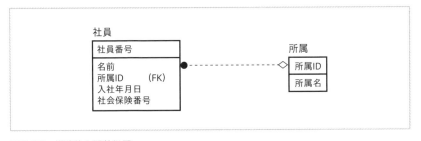

図3-32：推移的な関数従属

これで、第2正規形と同じように分割できました。所属IDと所属名が候補キーでなくても、第3正規形で整理できるのです。

ボイスコッド正規形

ボイスコッド正規形は、あるテーブルに存在するすべての関数従属の決定項が、候補キーであるテーブルのことです。第2正規形や第3正規形では満たされない場合があるのです。**図3-33**に示すとおり、候補キーが非キーカラムに関数従属するようなケースです。候補キーが単一のカラムならばこのようなケースはあり得ませんが、複数のカラムで成り立っている場合にはあり得ます。非キーカラムに候補キーの一部が関数従属するということです。

図3-33：ボイスコッド正規形

この他にも第4正規形と第5正規形がありますが、いずれも3つの概念間の関連テーブルを整理するための考え方なので、そもそも2つの概念間だけで関連テーブルを作成するのであれば必要ありません。

さて、重要なことは、概念モデルを作成すると、正規化されたモデルが作成しやすいという点です。概念モデルでは、概念を細かい単位で定義したくなるので、細かい概念間の関連を整理するアプローチをとります。これは自然と正規化されやすいアプローチなのです。

論理ER図の作成

データベース論理設計では、概念モデルをもとに論理ER図を作成します。概念モデルから論理ER図を作成する時に主に注意する点は、次のものです。

- **主キーを決める**
- **関連を外部キーにする**
- **多対多の関連を関連テーブルにする**
- **継承をリレーショナルで実現する**

これらを順番に説明していきます。

主キーを決める

まずは、概念モデルを見ながら論理ER図を作成してみましょう。概念モデルのそれぞれの概念を論理ER図のテーブルとして作成していきます。ER図作成ツールによっては、テーブルをエンティティと呼ぶことがありますが、同じ意味だと思ってください。概念モデルから概念の属性も論理ER図のテーブルに追加していきます。

例えば、概念モデルに注文という概念があります。これをそのまま論理ER図のテーブルにします（**図3-34**）。論理ER図の表記は、日本語のままでかまいません。概念モデルの概念と同じ名前をテーブルに付けます。注文番号などの属性も、そのままテーブルに追加します。属性で1つ気になるのは、配達時間帯です。データベースに詳しい人は、時間帯といった時間の開始と終了の範囲を表すような型が、データベース製品に存在しないことに気付くかと思います。そのため、ここでは配達時間帯開始時刻と配達時間帯終了時刻のように、2つのカラムに分けて定義します（定義内容は後掲する図3-35を参照してください）。

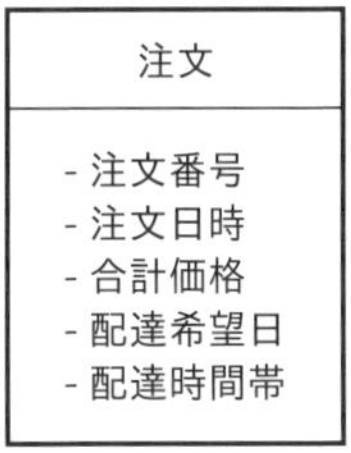

```
┌─────────────────┐
│      注文        │
├─────────────────┤
│                 │
│  - 注文番号       │
│  - 注文日時       │
│  - 合計価格       │
│  - 配達希望日      │
│  - 配達時間帯      │
│                 │
└─────────────────┘
```

図3-34：「注文」を表す概念モデル

さて、いよいよ主キーを決定します。正規化の説明の中で候補キーを紹介しました。候補キーは、その行を一意に特定できるカラム、もしくはカラムの集合のことです。候補キーの中から1つが主キーになることができます。行には必ず候補キーが1つ以上あります。

では、注文テーブルの主キーとしては、何がよいでしょうか。候補キーは

注文番号です。注文番号は、システムが採番した業務上の注文を一意に識別するための番号です。注文番号は、顧客である会員にも通知され、画面で注文照会する時に表示され、実際に注文商品を納品する時にも納品書に印字されるものです。主キーは、一度採番されると二度と変えることができません。では、注文番号は変更されることがないのでしょうか？

主キーの付け方には、人工キー（Artificial Key）と自然キー（Natural Key）があります。人工キーは、シーケンスなどの連番をシステムが自動的に採番して主キーとするものです。自然キーは、注文の注文番号のように、実際にそのテーブルに存在するカラムを組み合わせて主キーとするものです。テーブルのすべてのカラムが候補キーになるような場合には、人工キーを付けることはあります。他のケースでも、人工キーを付けることがあります。自然キーの欠点は、主キーという変更できないものに、業務やドメインに依存するカラムを使用すると、業務やドメインの変化が致命的な問題になることです。注文番号を主キーにすると、注文番号の形式が変更になった場合や、同じ注文でも注文番号を変更するようなビジネスルールがあった場合に問題になります。

人工キーの欠点は、自然キーではデータベースで一意制約を保障できますが、人工キーではプログラムで保障する必要があることです。また、人工キーは連番になることが多いので、システム外の利用者や外部システムには公開しないようにすべきです。思わぬセキュリティの問題になる可能性があるからです。

人工キーと自然キーのどちらが良いかについては、議論が尽きません。後で説明するO/Rマッピングツールでも、その多くは人工キーも自然キーもサポートしています。ただ、O/Rマッピングに相性が良いのは人工キーです。人工キーであれば、キーを表すクラスはIntegerのように最初からプログラミング言語に組み込まれているものを使用できます。自然キーの場合は、主キーを1つのクラスとして扱うには、新しくクラスを定義する必要があります。よって、本書では人工キーを使って設計を進めることにします。

ここでは、注文テーブルに人工キーによる主キーとして注文IDを定義します（図3-35）。

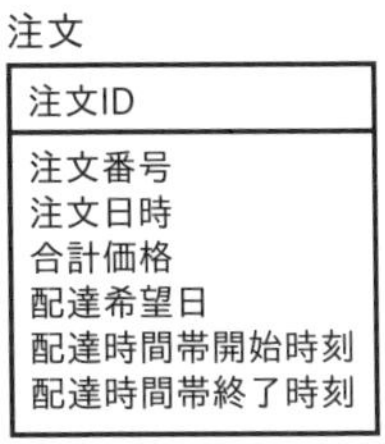

注文
注文ID
注文番号
注文日時
合計価格
配達希望日
配達時間帯開始時刻
配達時間帯終了時刻

図3-35：人工キーによる注文IDの定義

関連を外部キーにする

概念モデルの概念の間には関連があります。**図3-36**の概念モデルには、注文と会員、注文と注文明細、注文明細と商品の間に関連があります。

注文
- 注文番号
- 注文日時
- 合計価格
- 配送先
会員
1
*
*
注文明細
- 商品量
- 明細価格
*
1
商品
- 商品名
- 商品説明
- 価格

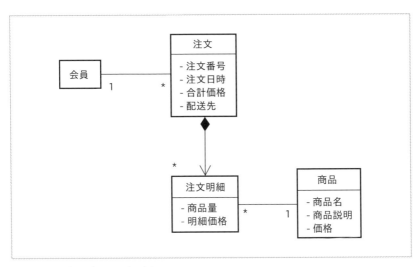

図3-36：概念モデルの関連の例

概念モデルの概念間の関連は、論理ER図の外部キーとして表現されます（**図3-37**）。

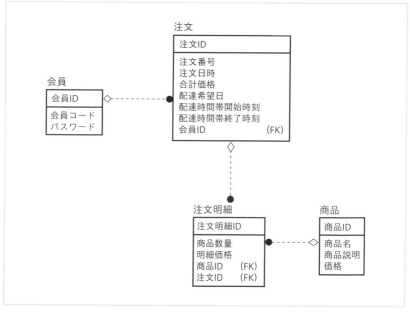

図3-37：関連を表すER図

外部キーでは、参照先のテーブルの主キーを持ちます。注文テーブルからは会員IDを持ちます。逆に、注文明細には注文IDを外部キーとして持たれます。主キーは、その行のアドレスを指すので、外部キーを持つことで相手を参照できます。

多対多の関連を関連テーブルにする

概念モデルでは、多対多の関連を簡単に記述できてしまいます。基本的に、概念モデルの関連は1対多が望ましいです。どうしても多対多にしてしまうケースもありますが、できれば概念モデルで多対多が出てきた場合には、「本当にその関連が必要なのか？」と考えてみるとよいでしょう。他の概念を経由すれば間接的に関連を持つことができるのなら、多対多の関連を持つ必要はないかもしれません（**図3-38**）。

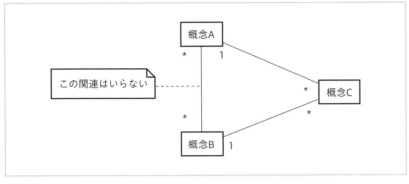

図3-38：1対多の関連にする

リレーショナルデータベースでは、多対多の関連は関連テーブルを作成して実現します。関連テーブルは、2つの関連付けたいテーブルの間にあり、両方のテーブルの主キーをすべて持つテーブルです。

例えば、**図3-39**のようにテーブルAとテーブルBがあり、それらは多対多で関連しているとします。リレーショナルデータベースでは、両方の主キーをすべて持つ「テーブルAB」を作成し、関連テーブルとします。これで多対多を実現できます。

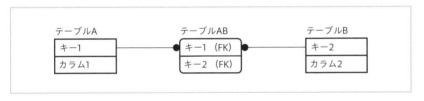

図3-39：多対多の関連

継承をリレーショナルで実現する

次に、概念モデルの継承をリレーショナルデータベースで実現してみましょう。オブジェクト指向データベースを使用できれば、継承もそのまま格納できるのですが、いまだにリレーショナルデータベースが主流なので仕方ありません。継承を実現するには、主に次の3つの方法があります。

●抽象クラスと具象クラスごとにテーブルを作る
●具象クラスごとにテーブルを作る
●クラス階層ごとに汎用テーブルを作り、さらに型を表すカラムを用意する

O/Rマッピングツールによっては、このような処理を自動的にやってくれるものがあります。例えば、Hibernateでもこれと同等の指定ができます。それでは、上記の3とおりの方法について説明します。

抽象クラスと具象クラスごとにテーブルを作る

継承をテーブル間のリレーションで置き換える方法です（**図3-40**）。クラスごとにテーブルを作成するので、概念モデルを素直に表現でき、正規化が十分に行われます。

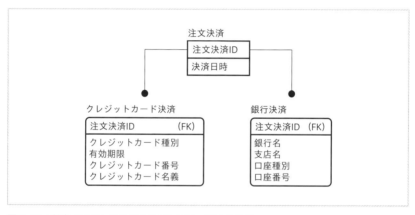

図3-40：抽象クラスと具象クラスごとにテーブルを作る

この方法では、具象クラスの数が増えたり、具象クラスが変更された場合でも、テーブルの変更が容易です。その一方で、この方法はSELECTするのに具象クラスと抽象クラスにあたるテーブルをJOINして取得するので、パフォーマンスに若干の問題があります。

具象クラスごとにテーブルを作る

　継承の考え方を捨て、具象クラスごとに抽象クラスのデータを含めてテーブルを作る方法です（**図3-41**）。1つの具象クラスが1つのテーブルに対応付けられるので、非常に簡単です。ただ、ポリモーフィズムを表現できません。例えば、抽象クラスでデータや何らかの関連を持っていたとしても、この方法では各テーブルに分散して配置されてしまいます。

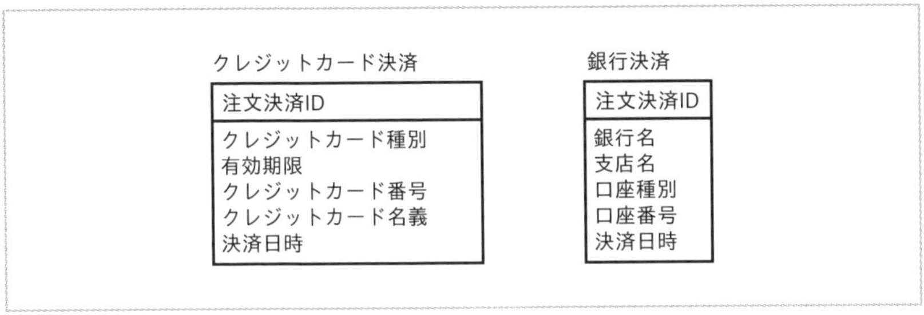

```
クレジットカード決済              銀行決済
┌─────────────┐          ┌─────────────┐
│ 注文決済ID   │          │ 注文決済ID   │
├─────────────┤          ├─────────────┤
│ クレジットカード種別 │     │ 銀行名       │
│ 有効期限     │          │ 支店名       │
│ クレジットカード番号 │     │ 口座種別     │
│ クレジットカード名義 │     │ 口座番号     │
│ 決済日時     │          │ 決済日時     │
└─────────────┘          └─────────────┘
```

図3-41：具象クラスごとにテーブルを作る

クラス階層ごとに汎用テーブルを作り、さらに型を表すカラムを用意する

　継承のクラス階層を1つのテーブルで表現する方法です。ポリモーフィズムも表現できますし、パフォーマンスにも問題はありません。ただ、後から具象クラスを追加することは少し難しくなります。また、具象クラスの数が多いとカラムが多くなり、複雑になるかもしれません。また、具象クラスのカラムはNULL許可にしなければなりません。

　この方法では、どの具象クラスをテーブルのレコードが表すのかを表現するために、種別のカラムが必要になります。**図3-42**の例では、注文決済種別がそのカラムです。

163

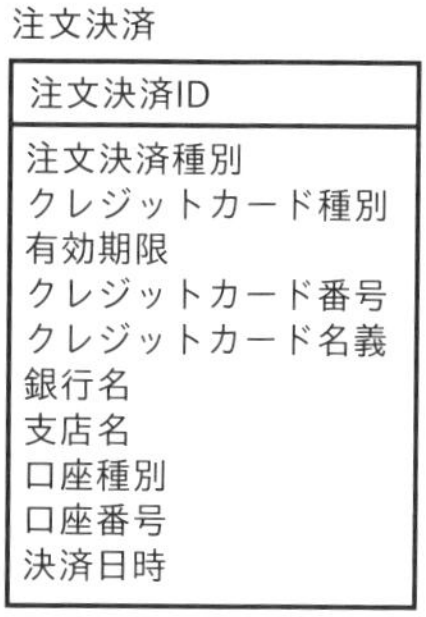

図3-42：汎用テーブルを作り、さらに型を表すカラムを用意する

　以上の3つの方法を整理すると、**表3-15**のようになります。どの方法も、まさに一長一短であることがわかると思います。

表3-15：継承の実現方法

継承の実現方法	パフォーマンス	ポリモーフィズム	具象クラス追加
抽象クラスと具象クラスごとにテーブルを作る	×JOINが必要	○問題ない	○問題ない
具象クラスごとにテーブルを作る	○問題ない	×扱えない	○問題ない
クラス階層ごとに汎用テーブルを作り、さらに型を表すカラムを用意する	○問題ない	○問題ない	×追加しにくい

　どの方法を選択するかは、そのデータがポリモーフィズムが必要なのかどうか、あるいは、具象クラスが追加されるのかどうかで検討します。

　概念モデルをもとにER図を作成すると、**図3-43**のようになります。この例では、継承の実現方法として「クラス階層ごとに汎用テーブルを作り、さらに型を表すカラムを用意する」を採用しています。

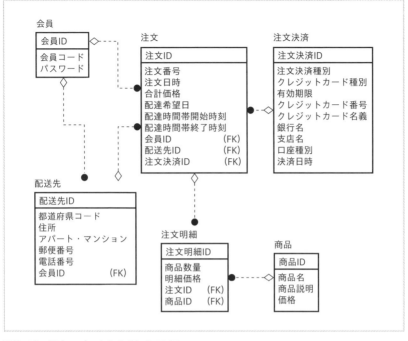

図3-43：概念モデルから作成したER図

　ここまでの作業で、外部仕様の設計とデータベースの論理設計が完了したので、外部設計が完了したことになります。ここから先は、外部仕様の設計とデータベースの論理設計をもとに、システムを構成するプログラムをどのように開発するのかを検討します。すなわち、内部設計です。

　データベースの論理設計では、できるだけ正規化されたモデルを作成します。継承の実現方法によっては若干冗長になる場合がありますが、第3正規形かボイスコッド正規形まで行うようにしましょう。データベース製品の実装を前提としてパフォーマンスを考慮した設計を行うのは、データベース物理設計の段階です。

NoSQLデータベース設計

　前節の「データベース論理設計」ではRDB（Relational Database）を前提とした設計について説明しました。現在でもRDBはデータの格納先として主要なものであることには変わりはありませんが、他の選択肢としてNoSQLデータベースがあります。NoSQLデータベースという言葉の意味は、SQLだけではない（Not only SQL）ということで、簡単にいえばRDB以外のデータベースを指します。RDBは正規化された構造化データを格納しますが、NoSQLでは半構造データや非構造データを格納することができます。NoSQLはスケーラビリティが高く、高性能です。その代わりトランザクション制御を省略して（P209 トランザクションの制御を参照）、ACIDを一部緩和しています。NoSQLでもロックを使えばACIDを実現できるといったインターネット上の記事もありますが、ロックを乱用するとNoSQLの利点を失うことになり、RDBよりも性能が悪くなることもあります。常にRDBよりもNoSQLの性能が良いわけではなく、それぞれの特性にあわせた適用をすべきです。

ACID特性

ACIDとは信頼性のあるトランザクションが満たすべき条件のことで、次の4つの単語の頭文字をとったものです。

●Atomicity（不可分性、原子性）

トランザクション内で行われた処理はすべてが完了するか、すべてが行われないかのどちらかになります。部分的に完了することはありません。

●Consistency（一貫性）

トランザクション内で行われたデータの変更において、制約条件を完全に満たすことができます。不整合なデータや不正な状態がありません。

●Isolation（独立性）

トランザクション内の途中処理が他から見えず、結果だけが見えることです。完全に途中経過を見せないことは性能とのトレードオフになるので、どこまで見せるかをRDBなどではアイソレーションレベルで指定できます。

●Durability（永続性）

トランザクションが正常にコミットすれば、結果が確実に永続化されます。仮にシステム障害が発生してもです。

NoSQLにはいくつかの種類があります。Key-Valueデータベース（Key-Valueストアともいう）、ドキュメントデータベース（ドキュメント指向データベースともいう）、グラフデータベースなどがあります。さらにKey-Valueにはインメモリ型もあり、NoSQLの種類は多様です。実際には個々のNoSQLプロダクトによって特性も機能もまったく異なるので、適切なプロダクトを選択して、そのプロダクトに沿った設計をする必要があります。例えば、Key-Valueデータベースでもドキュメントモデルを格納することができるなど、NoSQLの種類による境界線は曖昧です。現代のデータベース設計は、ユースケースにあわせて、RDBかNoSQLにするか、NoSQLなどのプロダクトにするかを選択することが最重要です。

Key-Valueデータベースは、KeyとValueのシンプルな構造でパーティ

ショニングに対応しやすく、大規模なスケールアウト（水平方向のスケール）ができます。パーティショニングとは、データベースの内部でデータを分割することです。ユースケースとしては、IoT（Internet of Things）における数多くの機器からの短時間ごとのデータを集積することに向いています。他にユーザーセッションとして行動履歴などをトラッキングすることにも向いています。

　ドキュメントデータベースは、JSONを格納することができ、フレキシブルな構造データを持つことができます。例えば、ユーザー情報のように属性が増え、変更される場合や、さまざまなデータソースから異なる属性のコンテンツを受信するような場合にも向いています。また、ドキュメントデータベースはスケーラビリティが高く、いわゆるビッグデータを扱うこともできます。ユーザー情報のようなビジネスオブジェクトを大量のビッグデータとして格納して処理することができるのは大きな利点です。

　ビッグデータに関連して、データを蓄積する巨大な受け皿をデータレイク（Data Lake）といいます。データレイクは半構造データや非構造データを格納することが多く、データレイクから正規化した構造データをRDBに入れ直します。

非機能要件定義とシステム設計

続いて、非機能要件とシステム設計の話に移ります。まずは非機能要件から説明しましょう。

非機能要件とは

ユースケースや概念モデルで行う機能要件定義に対して、非機能要件を定義することを非機能要件定義と呼びます。システムの利用者にとって、機能要件を実現するのがシステムを利用する目的です。非機能要件とは、システム利用者が機能を利用する時に補助的に必要なシステムの品質や性能のことです。それらを明文化するために、サービスレベルアグリーメント（SLA）として契約を締結したり、サービスレベルオブジェクティブ（SLO）として目標設定します。さらに、多くの企業では事業継続計画（Business Continuity Plan）を策定して、災害や大規模なシステム障害が発生した非常時でも事業を継続できるように対策を用意しています。非常時でも事業継続できるように運用設計を考慮した非機能要件を定義します。

非機能要件は、機能要件に比べて軽視されがちです。機能要件に漏れがあり、なおかつ漏れた機能が重要なものであれば、業務の遂行ができなくなります。非機能要件定義で扱う内容は、システムへの負荷が高くなったり、システムを長時間運用してはじめて発見されるような問題です。そのため軽視されてしまうのです。しかし、非機能要件で定義される内容は、システム全体に影響するので、いざ問題が発生すると、復旧に多くの時間がかかる可能性があります。非機能要件定義の内容は、負荷テストや運用テストのイン

プットになる情報です。したがって、非機能要件を適切に定義しなければ、負荷テストや運用テストも十分に行われないことになります。

非機能要件は機能要件とは異なり、ユーザー企業からのヒアリングだけでは導き出せません。機能要件は、システム利用者であるユーザー企業の担当者に、どのような機能がほしいかを聞けばよいでしょう。しかし、非機能要件は品質や性能に関するものなので、ユーザー企業の担当者に聞いても明確な答えは得られないでしょう。非機能要件は、システム開発会社側が主導して検討する必要があります。

では、非機能要件とは具体的にどのようなものでしょうか？「非機能要件が何か」は漠然としています。要するに機能要件以外のものを指すのですが、それではよくわかりません。そこで、非機能要件の基準として「ISO/IEC9126品質特性モデル」（SQuaRE（Software product Quality Requirements and Evaluation）によりISO/IEC 25000:2005に統合されて、ISO/IEC 25010 品質モデルに引き継がれている）が一般的に広まっています。

ISO/IEC9126は、システムの品質特性を網羅的に定義したものです。ISO/IEC9126の品質特性を利用することで、網羅性のある非機能要件を検討できます。ユーザー企業と品質特性についてヒアリングをしながら、重点的に対応する品質特性と、特別な対応が不要な品質特性を明確にできます。このようにISO/IEC9126は役に立つものですが、言葉の定義に難しいところもあり、わかりにくいと思われがちです。ここでは、できるだけわかりやすく説明します。

まず、ISO/IEC9126には「品質モデル」という用語がありますが、ここでいう品質とは、システムが本来備えているべき特性を指します。その意味では、機能要件も非機能要件も品質といえます。実際、ISO/IEC9126を見てみると、定義している品質特性は広範囲にわたり、機能要件も非機能要件も網羅しています。品質というと、バグや障害だけを連想しますが、ISO/IEC9126ではもっと広い意味になります。

ISO/IEC9126では、システムの品質特性を**表3-16**のように定義しています。英語名のほうが意味がわかりやすい場合もありますので、英語名も併記しています。なお、表中の品質特性の定義は、英和対訳版からの抜粋です。

表3-16：ISO/IEC9126における品質特性

品質特性	定義
機能性 (functionality)	指定の条件下でソフトウェアを使用した時、明示的および黙示的ニーズを満たす機能を果たすソフトウェア製品の能力
信頼性 (reliability)	指定された条件下で使用した時、指定のパフォーマンスレベルを維持するソフトウェア製品の能力
使用性 (usability)	指定の条件下で使用した時、ユーザーに理解され、学習され、魅力的なものとなるソフトウェア製品の能力
効率 (efficiency)	指定の条件下で、使用する資源の量に関して適切なパフォーマンスを提供するソフトウェア製品の能力
保守性 (maintainability)	修正に応じられるソフトウェア製品の能力。修正は、環境、要件事項および機能仕様の変更に対応したソフトウェアの訂正、改良または改作を含む
可搬性 (portability)	ある環境から別の環境に移植可能となるソフトウェア製品の能力

　このように、ISO/IEC9126では「機能性」「信頼性」「使用性」「効率」「保守性」「可搬性」の6つの品質特性で、システムの特性を定義します。しかし、この定義を読んだだけでは、まだよくわかりませんね。品質特性には、さらに詳細化した品質副特性というものがあります。そのことを踏まえながら、表3-17以降に示す品質特性を細かく見てみましょう。

機能性

まず、機能性の定義と副特性を**表3-17**にまとめます。

機能要件と非機能要件に分けた場合、機能要件には機能性の品質副特性である合目的性が対応します。よって、それ以外のすべての品質特性と品質副特性は、非機能要件といえます。

セキュリティが機能性に含まれることに違和感があるかもしれません。しかし、パスワードで保護したり、通信を暗号化したりするという意味では、セキュリティも「明示的および暗示的必要性に合致する機能」であるといえます。

表3-17：機能性

品質特性	定義		
機能性 (functionality)	指定の条件下でソフトウェアを使用した時、明示的および黙示的ニーズを満たす機能を果たすソフトウェア製品の能力		
	品質副特性	合目的性 (suitability)	指定のタスクおよびユーザー目標に適切な一群の機能をもたらすソフトウェア製品の能力
		正確さ (accuracy)	必要な精度で、正しい結果または効果、もしくは一致した結果または効果を生み出すソフトウェア製品の能力
		相互運用性 (interoperability)	指定された1つまたは複数のシステムと相互にやり取りするソフトウェア製品の能力
		セキュリティ (security)	権限のない人またはシステムが、情報およびデータの読み取り、または修正ができず、権限を持つ人またはシステムが、情報およびデータへのアクセスを拒否されることがないように、情報およびデータを保護するソフトウェア製品の能力
		機能性関連適法性 (Functionality compliance)	機能性に関する規格、協定または法規および類似の規定を順守するソフトウェア製品の能力

信頼性

表3-18に、信頼性の定義と副特性をまとめます。

表3-18：信頼性

品質特性	定義		
信頼性 (reliability)	指定された条件下で使用した時、指定のパフォーマンスレベルを維持するソフトウェア製品の能力		
	品質副特性	成熟性 (maturity)	ソフトウェアの障害の結果としての故障を回避するソフトウェア製品の能力
		障害許容力 (fault tolerance)	ソフトウェア障害または指定のインターフェイスの侵害のケースで、指定のパフォーマンスレベルを維持するソフトウェア製品の能力
		復元力 (recoverability)	指定のパフォーマンスレベルを再確立し、故障の影響を直接受けたデータを復元するソフトウェア製品の能力

　システムの信頼性は重要です。非機能要件定義としても、信頼性は十分に検討する必要があります。

　最近のシステムは、開発効率を高めるために、さまざまなミドルウェアやフレームワーク、ライブラリを組み合わせて構築します。利用するミドルウェアやフレームワーク、ライブラリのマイナーバージョンやリビジョンが低い場合には、成熟度が低いかもしれません。成熟性の指標として代表的なのは、平均故障間隔（MTBF：Mean Time Between Failure）です。これは、故障が発生するまでのシステム稼働時間の平均です。MTBFに似た言葉として、MTTF（Mean Times To Failure）がありますが、MTTFは修理不可能なものに対して使われます。一般的にソフトウェアは修理可能なので、MTBFを使用します。MTBFもMTTFも計算方法は同じで、次のとおりです。

平均故障間隔（MTBF）＝システムの総稼働時間 / 故障回数

　復元力は、障害が発生してから、いかに早く正常に動作するように回復できるかを指します。復元力の指標として代表的なものは、MTTRおよび稼働率です。MTTRは、平均修復時間（Mean Time To Repair）というもので、障害の発生から平均してどのくらいの時間で修復できるかを指します。稼働率は、可用性（availability）の指標でもあります。

稼働率 = MTBF/（MTBF + MTTR）

　仮に、1年間を障害なしで稼働するシステムがあり、1年に1回だけ障害が発生するとします。その障害の復旧に1時間かかる場合、稼働率は次のようになります。

● MTBF = 365日 × 24時間 = 8760時間
● MTTR = 1時間
● 稼働率 = MTBF/（MTBF + MTTR）= 8760/（8760 + 1）= 99.99%

　復元力を高めるには、システムのリカバリーについて検討する必要があります。障害の種類と発生箇所に応じて、どのような手順でリカバリーするのかを運用手順も含めて設計します。例えば、データベースがダウンした場合などに、どのようにしてデータを正常なものに戻すのかを検討します。これは、バックアップ方法などの運用設計とも関連します。最近では、地震などの大規模災害からデータを守るためのディザスタリカバリーなども検討されています。

　障害許容性は、フォールトトレランスとしても知られています。フォールトトレランスは、略してFTと呼ばれることもあります。これは、障害が発生してもシステム全体がダウンせずに動き続ける特性を指します。障害が発生しても動き続けるには、2重化や多重化といったシステムの冗長化をするのが定石です。ハードウェアでも、ハードディスクが破損するとデータが失われてしまうので、複数台のハードディスクを仮想的に1台に見せるようにRAID構成にします。RAID構成にすることで、ハードディスクが1台破損しても、もう1台に同じデータが書き込まれているのでデータが失われることがありません。

同じような考え方で、ソフトウェアでもサーバーを冗長化構成にします。
具体的には、WebサーバーやWebアプリケーションサーバーを同じ構成で
複数台配置します（**図3-44**）。しかし、冗長化したシステムに、クライアン
トからは冗長化していることを意識せずに接続したいものです。そこで、
2つの方法をとります。複数台の冗長化したサーバー群を1台のサーバーに
見せるのです。その1つの方法は、ロードバランサを配置してクラスタリン
グすることです。もう1つは、冗長化したサーバー群でセッションを維持す
る方法です。

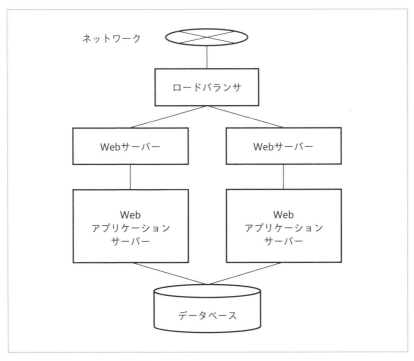

ネットワーク

ロードバランサ

Webサーバー　Webサーバー

Web
アプリケーション
サーバー

Web
アプリケーション
サーバー

データベース

図3-44：サーバーの冗長化構成

　セッションの維持は、HttpSessionなどのクライアントからの処理の状態
をサーバーが保持する場合に問題になります。例えば、Webアプリケー
ションサーバーをサーバーAとサーバーBの2台に冗長化しているとします。
そして、クライアントからアクセスがあり、ロードバランサによってサー

バーAに処理が振られたとします。次に、同じクライアントからアクセスがあり、今度はロードバランサによってサーバーBに振られたとしましょう。この時、サーバーAで処理をしたHttpSessionの情報は、サーバーBに引き継がれません。サーバーAでログインをして、ログイン状態をHttpSessionに格納している場合には、サーバーBで再度ログインすることになります。この問題を解決するには、**表3-19**に示す2つの対策があります。

表3-19：セッションスティッキーとセッション共有

対策	説明
セッションスティッキー	ロードバランサでリクエストを振り分ける場合に、同一セッションのリクエストを同じサーバーに振り分けることでセッションを継続できる
セッション共有	クラスタリングされているすべてのサーバー間でセッション情報を共有することで、どのサーバーにどのリクエストが振り分けられてもセッションを継続できる

　セッションスティッキーは、アプリケーションに特別な仕組みが不要で、パフォーマンスも優れています。その反面、ロードバランサがセッションスティッキーに対応している必要がある他、サーバーが障害でダウンした場合にセッション情報が失われてしまいます。

　一般的に、冗長化およびクラスタリングをすることで、信頼性だけでなく、負荷分散による時間挙動（性能やパフォーマンス）の向上も図れます。

使用性

使用性の定義と副特性を**表3-20**に示します。使用性というよりもユーザービリティといったほうが直観的に理解できると思います。ユーザービリティとは、文字どおり「使いやすさ」を意味します。使用性には、理解のしやすさ、学習のしやすさ、操作のしやすさ、魅力、使用性関連適法性があります。魅力が、ソフトウェアの品質という考え方は新しいですね。

表3-20：使用性

品質特性	定義		
使用性 （usability）	指定の条件下で使用した時、ユーザーに理解され、学習され、魅力的なものとなるソフトウェア製品の能力		
	品質副特性	理解のしやすさ （understandability）	ソフトウェアが適切であるかどうか、特定のタスクおよび使用条件で、どのようにすれば使用できるかをユーザーが理解できるようにするソフトウェア製品の能力
		学習のしやすさ （learnability）	ユーザーが使い方を学習できるようにするソフトウェア製品の能力
		操作のしやすさ （operability）	ユーザーが操作し、制御しやすいようにするソフトウェア製品の能力
		魅力 （attractiveness）	ユーザーにとって魅力あるものとなるソフトウェア製品の能力
		使用性関連適法性 （usability compliance）	使用性に関する規格、協定、スタイルガイドまたは法規を順守するソフトウェア製品の能力

効率

効率の定義と副特性を**表3-21**に示します。

表3-21：効率

品質特性	定義		
効率 (efficiency)	指定の条件下で、使用する資源の量に関して適切なパフォーマンスを提供するソフトウェア製品の能力		
	品質副特性	時間挙動 (time behaviour)	明記された条件下でその機能を果たす、適切な応答・処理時間およびスループット率を出すソフトウェア製品の能力
		資源の活用度 (resource behaviour)	明記された条件下でその機能を果たす時、適切な量および種類の資源を使用するソフトウェア製品の能力
		効率関連適法性 (efficiency compliance)	効率に関する規格または協定を順守するソフトウェア製品の能力

効率は、いわゆる性能に関する品質特性です。効率が良ければ結果として性能も良くなるだろうということです。我々が普段、性能やパフォーマンスと呼んでいるものは、効率の品質副特性である時間挙動であることがわかります。時間挙動の指標として、スループットとレイテンシがあります（**表3-22**）。

表3-22：スループットとレイテンシ

指標	説明
スループット	単位時間にシステムがレスポンスを返すことができる数
レイテンシ	システムが1つのリクエストからレスポンスを返すまでの時間

一般的に、レイテンシが小さければスループットが大きくなります。ただし、サーバーのCPU使用率やメモリ使用率などのリソースが上限に達する

か、ネットワークの帯域が足りなくなるなどすると、レイテンシだけが大きかったり、スループットだけが小さかったりします。時間挙動を評価するには、スループットとレイテンシの両方を調査する必要があります。

保守性

保守性の定義と副特性を**表3-23**に示します。

表3-23：保守性

品質特性	定義		
保守性 (maintainability)	修正に応じられるソフトウェア製品の能力。修正は、環境、要件事項および機能仕様の変更に対応したソフトウェアの訂正、改良または改作を含む		
	品質副特性	分析のしやすさ (analyzability)	ソフトウェアの欠陥または故障の原因が診断しやすく、修正すべき部分を特定しやすい、ソフトウェア製品の能力
		可変性 (changeability)	指定の修正が実現可能となるソフトウェア製品の能力
		安定性 (stability)	ソフトウェアの修正による予想外の作用を回避するソフトウェア製品の能力
		試験容易性 (testability)	修正したソフトウェアの妥当性確認を可能にするソフトウェア製品の能力
		保守性関連適法性 (maintainability compliance)	保守性に関する規格または協定を順守するソフトウェア製品の能力

保守性は、システムの修正のしやすさを表す品質特性です。最近のシステム開発の現場では、この保守性が重要視されています。詳細は「アーキテクチャ編」で説明します。

可搬性

可搬性の定義と副特性を**表3-24**にまとめます。

表3-24：可搬性

品質特性	定義		
可搬性 (portability)	ある環境から別の環境に移植可能となるソフトウェア製品の能力		
	品質副特性	順応性 (adaptability)	対象となるソフトウェアに関して、その目的のために用意されたもの以外の措置または手段をとることなく、異なる指定の環境に順応するソフトウェア製品の能力
		インストールのしやすさ (installability)	指定の環境にインストールしやすくなるソフトウェア製品の能力
		共存力 (co-existence)	資源を共有する共通の環境に別の独立したソフトウェアと共存するソフトウェア製品の能力
		置換性 (replaceability)	同一の環境で、目的を同じくする指定の別のソフトウェア製品に代わるものとして使用するソフトウェア製品の能力
		可搬性関連適法性 (portability compliance)	可搬性に関する規格または協定を順守するソフトウェア製品の能力

　通常のサーバーシステムでは、可搬性は重要ではありません。インストールのしやすさは多少重要かもしれませんが、サーバーシステムであればインストールは一度きりのことです。可搬性が必要になるのは、パッケージソフトやクライアントアプリケーションなどの多数の環境で実行されるようなソフトウェアだけです。

　以上、システムの品質特性をひと通り説明しました。
　非機能要件定義として検討すべき内容は、機能性の品質副特性の合目的性を除いたすべてです。ただし、前述したとおり、通常の企業システムでは可

搬性は重要ではありません。

　これらの品質特性をもとに非機能要件定義を行います。信頼性と効率に関しては、具体的な目標値をユーザー企業担当者に提示してもらったほうがよいでしょう。スループットやレイテンシ、稼働率には、具体的な数値を目標として設定します。

　機能性のセキュリティに関しては、公開されているセキュリティガイドラインなどを参考にして検討する必要があります。Webアプリケーションであれば、独立行政法人情報処理推進機構（IPA）のセキュリティセンター（https://www.ipa.go.jp/security/）が作成した『安全なウェブサイトの作り方』などが参考になるでしょう。その中では、次に示すようなセキュリティの問題を説明しています。

- ●SQLインジェクション
- ●OSコマンドインジェクション
- ●パス名パラメーターの未チェック、ディレクトリトラバーサル
- ●セッション管理の不備
- ●クロスサイトスクリプティング（XSS）
- ●クロスサイトリクエストフォージェリ（CSRF）
- ●HTTPヘッダインジェクション
- ●メールヘッダインジェクション
- ●バッファオーバーフロー
- ●アクセス制御や認可制御の欠落

　まずは、こうしたよくあるセキュリティ問題について対応を検討します。そのうえで、追加というかたちでシステム特有のセキュリティ問題を検討するとよいでしょう。

　また、使用性に関してはUI設計ポリシーなどで習得性、理解性、運用性を考慮したポリシーを作ります。詳しくは、画面設計の説明の中ですでに述べましたので、それを参考にしてください。

　残りの保守性については、「アーキテクチャ編」で説明します。

システムインフラ設計と配置設計

　非機能要件定義の内容を踏まえ、システムインフラ設計を行います（**図3-45**）。システムインフラ設計とは、システムを実現するためにネットワークやハードウェアを構成することです。インフラ設計で重要な点は、セキュリティ、信頼性、効率（性能、パフォーマンス）です。それらを踏まえ、ネットワーク設計やマシン構成を検討します。システムインフラ設計を誰が行うかは、開発プロジェクトによって異なるでしょう。ネットワークやハードウェアやOSの専門知識も必要になります。開発プロジェクトで行わない場合は、専門のベンダーに外注することになります。

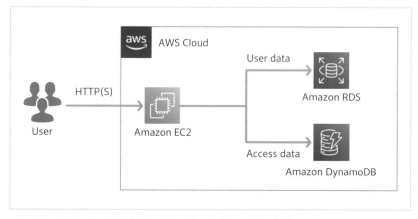

図3-45：AWSのアーキテクチャダイアグラム（クラウドの事例）

　システムを開発したら、サーバーマシンなどに配置する必要があります。そこで、システムをどのようにサーバーマシンなどに配置するのかを設計するのが配置設計です。この配置設計は、開発が終わってから簡単に行えばよ

いと考えてはいませんか？ それでは遅すぎます。配置設計は、開発が始まる前に行う必要があります。それは、配置方法によっては実装方法に影響があるからです。例えば、JavaにはWARやEARといったWebアプリケーションの配置方法があります。Javaでは、配置することをデプロイメントともいいます。システム全体を1つのWARにするのか、サブシステムごとにWARにするのかで、内部設計や実装に影響が及ぶのです。WARごとにClassLoader注3-3が異なるので、WAR間でのクラスインスタンスの共有は簡単にはできません。サブシステムは独立性が高いのか、あるいは強く依存し合っているのかによって、WARの構成を考える必要があります。配置設計は、内部設計とあわせて行う必要があります。

　まず、配置設計を行うには、システムインフラ設計がある程度終わっている必要があります。システムインフラ設計が終わってから配置設計をするのか、システムインフラ設計と配置設計を同時に行うのかは場合によります。基本的に、アプリケーションの配置が、システムインフラ設計に影響を与えることはありません。ただ、稀にアプリケーションの配置がシステムインフラ設計に影響を与えることがあります。そのためにも、システムインフラ設計とあわせて、アプリケーションの配置設計もなるべく早い段階で検討しておいたほうがよいでしょう。

注3-3：クラスのロードを担当するオブジェクト。

第4章 内部設計の手法

> 本章では、内部設計の手法を説明します。内部設計は、詳細設計と呼ぶこともあります。外部設計では、システムとその利用者や他システムとのやり取り、入出力を決めました。データベース論理設計によって、データがどのように格納されるかも、大枠で決まっています。内部設計では、システムの入力と出力、データベースへの格納の間で行うシステムの内部処理を設計します。また、具体的なソフトウェア内部のプログラムや、データの処理方法や管理方法、並列処理方法、トランザクション方法なども設計します。さらに、データベース物理設計も行います。その他にも、必要に応じて CRUD 設計なども行います。

内部設計とは

まずは、内部設計の目的を確認しておきましょう（**図4-1**）。

すでに説明したように、「設計編」ではJavaでWebシステムを開発することを想定しています。また、オープンソースフレームワークとして Spring Boot と MyBatis を使用します。Spring Boot は Spring Framework を使ったアプリケーションを簡単に単独で実行できるようにしたものです。言ってしまえば、WAR ファイルを Tomcat などにデプロイする必要がありません。プログラム設計でも、Spring Boot と MyBatis や Hibernate を使用して設計を進めることにします。ただし、本書の目的は Spring Boot と MyBatis や Hibernate 自体を説明することではないので、各プロダクトに固有の話題には簡単に触れるだけにします。

表4-1に、内部設計で行う作業と成果物を示します。

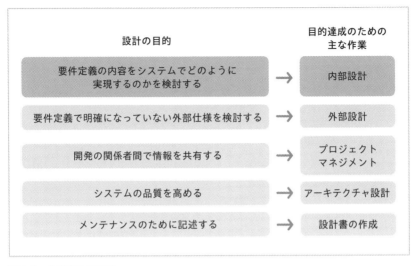

図4-1：内部設計の目的

表4-1：内部設計の作業と成果物

工程	作業	成果物
内部設計	画面プログラム設計	Controller一覧
		Controller設計書
		画面共通部品設計書
	ビジネスロジックプログラム設計	ビジネスロジック設計書
	データベースプログラム設計	エンティティクラス図
		CRUD設計書（必要に応じて作成）
	データベース設計	物理ER図
		テーブル定義書

ロバストネス分析

ロバストネス分析は、ユースケース記述や概念モデルといった要件定義の成果物をもとに、オブジェクト指向分析をするための手法です。ロバストネス分析をすることで、ユースケース記述や概念モデルからクラスを抽出できます。

ロバストネス分析では、クラスを「バウンダリ」「エンティティ」「コントロール」の3種類に分類します（**図4-A**、**図4-B**）。

バウンダリは、システムと外部とのインターフェイスを表します。本書でいう外部仕様にあたります。具体的には、画面や帳票、外部システムI/Fなどです。

エンティティは、システムの内部に永続化されるドメインオブジェクトを表します。ドメインオブジェクトについては後で詳細に説明しますが、概念モデルから導かれたデータと振る舞いを持つオブジェクトです。エンティティは、データベースのようなデータを永続化するストレージに格納されるのが一般的です。

コントロールは、バウンダリから呼び出されるそのシステムが行う処理です。多くの場合、バウンダリから呼び出されてエンティティを更新します。

お気付きの方もいらっしゃるかもしれません。このロバストネス分析の3つのクラスは、MVCモデルのModel、View、Controllerに似ています。そのとおり、実際に3つの役割も大きく変わりません。UIとデータベースを持つシステムの一般的な設計のスタイルだといえます。

図4-A：ロバストネス図のアイコン

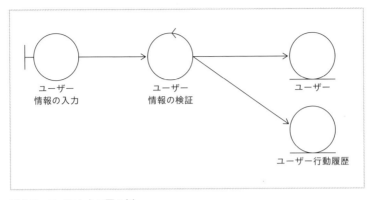

ユーザー
情報の入力

ユーザー
情報の検証

ユーザー

ユーザー行動履歴

図4-B：ロバストネス図の例

画面プログラム設計

■

　それでは本題に入ります。まずは、画面プログラムの設計について考えて
みましょう。

Spring Bootでの開発

■

　画面設計で作成した画面遷移図、画面モックアップ、画面項目定義書をも
とに、画面のプログラム設計を行います。

　ここでは、オープンソースフレームワークのSpring Bootを使用します。
今日のJavaの世界においては、フレームワークを使用せずにWebシステム
を開発することはほとんどありません。Javaでは、以前からJ2EE（Java2
Enterprise Edition）のServlet APIが提供されてきました。Servlet APIは
HTTPプロトコルレベルのAPIで、HTTPリクエストやHTTPレスポンス、
CookieやURLRewritingを使ったHTTPセッション管理などの機能を提供し
ます。JSPは、HTMLを動的に生成するための仕組みで、HTMLタグと、動
的な表示を行うためのJSPタグを記述します。JSPもServlet APIの一部で
す。ServletとJSPは、Webシステムを開発するための基本的な機能を提供
しますが、比較的低レベルのもので、効率的にWebシステムを開発するに
は十分ではありません。

　そこでSpring Bootのようなフレームワークが登場しました。Javaコミュ
ニティの良さは、Javaの標準APIでも使いにくいものがあれば、もっと良
いものをオープンソースとして誰かが提供してくれることです。Apache
Software FoundationやJBossをはじめとする多くのオープンソースコミュ

ニティからフレームワークが提供されています。また、Javaの開発元である Oracle（サン・マイクロシステムズは吸収合併された）は、それらのオープンソースの活動を受け入れています。例えば、Hibernateのように EJB3の仕様に取り込まれたものもあります。この多様性と懐の深さがJavaコミュニティの良さでしょう。

Spring Bootの基本は、画面からのリクエストに応じてControllerと呼ばれる任意の処理を行うクラスが呼び出されるところです。どのようなリクエストのURLが来た時に、どのようなControllerの実装クラスが呼び出されるかを @RequestMapping アノテーションで指定します。また、Controllerが何か処理を行った後に画面を表示するのですが、どの画面を表示するかを指定できます。これにより、処理が成功した時とエラーが発生した時などで、処理結果で表示する画面やメッセージを切り替えることができます。基本的に Spring Boot では JSP ではなく、Thymeleaf というテンプレートエンジンを使います。

Spring MVC を基盤としている Spring Boot は、MVC モデルに沿った Web アプリケーションフレームワークです。MVC モデルは、何らかの GUI を持ったアプリケーションのソフトウェアアーキテクチャの1つです。GUI アプリケーションの処理の役割を大きく Model、View、Controller に分けて考えるのが特徴です。MVC モデルは、もともとプログラミング言語の Smalltalk で使われていた手法で、現在の多くの GUI アプリケーションに影響を与えています。そもそもは、リッチクライアントなどの Web 以前の GUI アプリケーションのためのアーキテクチャでした。リッチクライアントなどと違い、Web ではボタンやリンクの押下のイベントとサーバー処理の間や、サーバー処理と画面表示の間にネットワークがあることから、技術的にはまったく同じものではありません。そこで、Web の MVC モデルを MVC モデル2などと呼んだりします。また、少し前には PAC（Presentation Abstraction Control）などの考え方も提唱されましたが、これらの些細な違いはあまり重要ではありません。大切なことは、処理を Model、View、Controller の3つに役割分担して考えることです。それぞれの役割が明確になり、アプリケーションが複雑にならずに済むのです。

Model とは、ビジネスロジックとエンティティをあわせたものです。エンティティとは、データベースのデータをオブジェクトで表現したもので

す。ビジネスロジックとエンティティをあわせてドメインと呼んだりもします。ビジネスロジックとエンティティの関係は、ビジネスロジックの説明の中で詳しく取り上げます。いずれにせよ、Modelとビジネスロジックとエンティティをあわせたドメインを扱います。

Viewとは、GUIの画面のことです。Webでは、JSPやThymeleafやHTML、あるいはHTMLを表示するWebブラウザがViewにあたります。ViewではModelの情報を表示します。

ControllerはModelとViewを制御します。画面からのイベント（リクエスト）を適切なModelに仲介し、Modelの結果をViewに表示したりします。このMVCの3者が連携することで、効率良く処理を行います。

Webアプリケーションを開発するのに、MVCモデルについて意識することはないでしょう。StrutsやSpring FrameworkがJavaのWebアプリケーションフレームワークのデファクトスタンダードになってからは、しばらくフレームワークを自作するようなこともなくなりました。ただ、Strutsも時間が経つにつれて巨大になり、複雑なものになってきました。Spring Bootは、開発者の声に応えてシンプルに開発できるように再構成されています。

Spring BootにおけるMVCは**図4-2**のようになります。

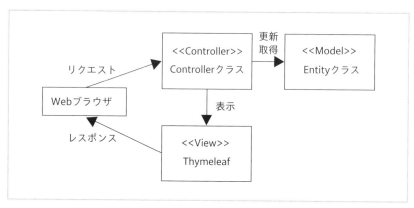

図4-2：Spring BootにおけるMVC

Spring Bootでプログラミングするのは、次のものです。

●**Controller** クラス
●**Entity** クラス
●**Thymeleaf** ファイル

Spring Bootは、多くの設定をアノテーションで指定できます。例えば、@RestControllerアノテーションを指定するだけで、ControllerがRESTリクエストを処理できるように指定できます。Spring BootならRESTfulなシステムも簡単に構築できます。

画面遷移図からの**Controller**の抽出

画面遷移図でリンクかフォームになっている画面遷移は、Controllerが呼び出されるか、静的なHTMLなどへの画面遷移です。画面遷移図からControllerをすべて洗い出します。洗い出したControllerは、Controller一覧にまとめます。

非常に簡単な例ですが、**図4-3**のような画面遷移図があったとします。ここからControllerを導出してみます。画面遷移は2つあります。検索ボタンによる検索画面から一覧画面への遷移と、戻るリンクによる一覧画面から検索画面への遷移です。検索ボタンによる遷移は、画面モックアップにもよりますが、普通に考えればボタン（<input type="submit" ...>）とフォーム（<form action="..." ...>）で実現されます。検索条件を受け取り、検索した結果を一覧で返すControllerが1つ導出されます。検索へ戻るリンクの遷移も、画面モックアップによりますが、普通に考えればリンク（<a href="..." ...>）で実現されます。検索画面を表示するControllerが導出されます。特に入力となる情報はないかもしれませんが、前回の検索条件をセッションから取り出して表示するかもしれません。

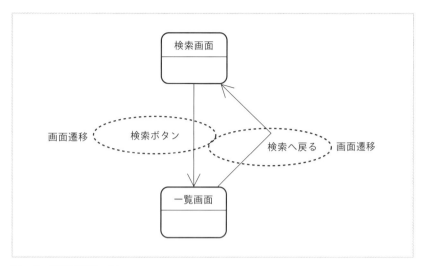

図4-3：画面遷移図の例

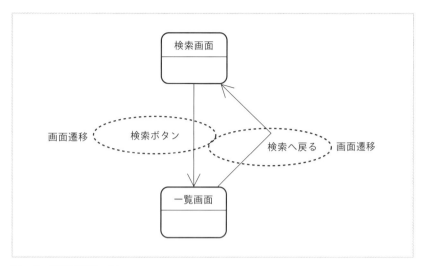

Controller設計

Controller一覧に挙がっているそれぞれのControllerで行う処理を設計します。Controllerが行う処理は、主に次のものです。

- ●リクエストパラメーターのバリデーション
- ●リクエストパラメーターの取得
- ●ビジネスロジックの呼び出し
- ●レスポンスへのデータ設定
- ●画面遷移

Controllerの設計では、Controller設計書を作成します。Controller設計書は、UMLのシーケンス図で記述するとよいでしょう。しかし、シーケンス図では分岐が記述しにくかったりするので、簡単に記述するのであればア

クティビティ図でもよいでしょう。文章で記述すべきものがあれば、図にメモを残すようにします。Wordなどで補足資料を作る方法もあるでしょうが、あちこちのドキュメントに情報が散乱するのは、あまり良いことではありません。

ビジネスロジックについては、後述する「ビジネスロジックプログラム設計」の節で説明します。

Spring Bootを普通に実行していれば、Controllerクラスのインスタンスは複数のリクエストで共用されます。同時に同じControllerが呼び出されれば、同じControllerクラスのインスタンスが同時に実行されます。つまり、Controllerクラスはスレッドセーフに作成する必要があります。スレッドセーフというと難しいようですが、単純にメンバー属性を作成しなければよいのです。Controllerは、状態を持たないように作成します。

画面共通部品の設計

画面設計では、UI設計ポリシーを作成しました。UI設計ポリシーでは、共通ヘッダーや共通フッター、共通メニューなどを定義しました。その他に、画面表示項目のフォーマットも定義しました。これらを共通部品として設計します。

共通ヘッダー、共通フッター、共通メニューなどは、Thymeleaf HTMLファイルを作成します。そして各画面からそれらの共通Thymeleaf HTMLファイルを呼び出します。

HTTPセッションの設計

HTTPセッションは、HTTPというステートレスなプロトコルにおいて、状態を保持するための仕組みです。HTTPセッションの仕組みを使わなければ、HTTPリクエストが来るたびにまったく別のリクエストとして処理され

ます。これではログインなどの認証を実現できませんし、ECサイトで買い物かごを実現することもできません。

　HTTPリクエスト間に関連を持たせるには、リクエストに同じIDを付与すればよいのです。これをセッションIDと呼びます。HTTPセッションは、Webブラウザからのリクエストごとに、このセッションIDをリクエスト情報に付与することで実現します。セッションIDを付与する方法として最も一般的なのはCookieを使う方法です。

　CookieはHTTPに関連した技術で、Webブラウザに小さな情報を書き出すことができます。Cookieは、書き出したサーバーのドメインの情報を持ち、同じドメインに対してしか送信しません。このWebブラウザの挙動によって他のサーバーが書き出したCookieを参照することはできません。サーバーがこのCookieにセッションIDを書き込むことで、WebブラウザはHTTPリクエストのたびにサーバーが書き出したCookieだけを送出してくれます。サーバーはCookieの中からセッションIDを取得して、メモリに保持しているセッション情報を紐付けます。

　このようなHTTPセッションは、Webシステムを開発するうえで必須の機能です。HTTPセッションの設計では、HTTPセッションにどのような情報を格納し、その情報がどこで作成されて、どこで破棄されるかというセッション情報のライフサイクルを設計します。

　HTTPセッションはセキュリティだけでなく、パフォーマンスや信頼性のためのクラスタリングなどの非機能要件とも関係があります。セッション情報は、Webアプリケーションによってメモリ中に保持・管理されています。Webアプリケーションサーバーをクラスタ構成にした場合は、セッション情報を保持・管理しているメモリ空間がサーバーごとに分かれてしまうため、ロードバランサのラウンドロビンなどでリクエストが不規則にサーバーに割り振られると、最初にアクセスされたサーバーと違うサーバーにはセッション情報がないことになります。ラウンドロビンとは、ロードバランサが複数のサーバーに処理を順次割り当てることです。この問題を解決するためにサーバー間でセッション情報の共有を行います。最近ではRedisなどのインメモリキャッシュを使ってサーバー間でセッション情報を共有するのが一般的です。Spring Bootを使っているならSpring Sessionを利用することで簡単にセッション共有できます。

セキュリティの視点からサードパーティCookieを禁止する動きが進んでいます。サードパーティCookieとはユーザーがブラウザで訪れたWebサイトのドメインとは異なるドメインからのCookieのことです。ユーザーが訪れたWebサイトと同じドメインのCookieはファーストパーティCookieといいます。前記のHTTPセッションはファーストパーティCookieを利用して実現しています。禁止されるのはサードパーティCookieで、ファーストパーティCookieは今後も利用できると思われます。

　セッション情報を設計するには、このクラスタ構成でのセッション管理方法が影響します。セッション共有を行う場合は、セッション情報があまりに大きいと共有するための処理に時間がかかりすぎます。大きなセッション情報をデータベースに格納したり、通信で送ったりするには時間がかかるためです。よって、セッション共有をする場合には、セッションに格納する情報は最低限のものにする必要があります。

ビジネスロジックプログラム設計

■

　ビジネスロジックは、ユースケース記述やビジネスルールに書かれた業務に関するシステムの処理です。業務に関する処理という意味で、ドメインロジックと呼んだりもします。

　ビジネスロジックのプログラミング方法には、いくつかのパターンがあります。ここでは、マーチン・ファウラー氏の著書『Patterns Of Enterprise Application Architecture[注4-1]』からTransactionScriptとDomainModelを紹介します。

TransactionScriptパターン

■

　TransactionScriptでは、ビジネスロジックをServiceクラスのメソッドにします。Serviceクラスは、何らかの適当な業務単位に作成されるクラスです。例えば、注文関連のビジネスロジックを提供するOrderServiceのようになります。ユースケース単位に作成してもかまいません。Serviceクラスは、ビジネスロジックのメソッドを複数持つことになります。例えば、OrderServiceにはorderやlistOrderやcancelOrderなどのメソッドがあります。このTransactionScriptの特徴は、ドメインの情報がエンティティとTransactionScriptに分散されることです。オブジェクト指向では、データと処理を1つのクラスで管理してカプセル化するのが普通です。Transaction

---

注4-1：翻訳書は『エンタープライズアプリケーションアーキテクチャパターン』
（ISBN：9784798105536）。

Scriptでは、このカプセル化のメリットである仕様変更に対する強さを失い、カプセル化を行わないため、簡単に設計することができます。

TransactionScriptは、ビジネスロジックをメソッドにして集めているだけです。基本的に属性などの状態は持ちません。EJBのステートレスSessionBeanにビジネスロジックを実装するのと似たような感じになります。ただ、このTransactionScriptでのServiceクラスは、POJOでかまいません。POJOとはPlain Old Java Objectの略です。いわゆる普通のオブジェクトのことです。特別なインターフェイスやスーパークラスを実装する必要がないことを意味します。

TransactionScriptを採用する理由は、設計が簡単だからです。TransactionScriptのアプローチは、手続き型言語のアプローチに似ています。どのようにエンティティを処理するかだけに注目すれば設計できます。また、TransactionScriptの粒度についても、それほど重視する必要がありません。主要なエンティティ単位でもよいでしょうし、ユースケース単位などでもよいでしょう。その開発プロジェクトで管理しやすい単位でかまいません。大規模システム開発で、自動的に設計を行いたい場合は、このTransactionScriptを適用することで均一な設計にできるでしょう。

その反面、TransactionScriptでは、ビジネスロジックの処理を共通化するように設計するのは難しくなります。仮に処理を共通部品として切り出せたとしても、その共通部品を使うように設計すると、結局は難易度が高くなります。もし、その共通部品を使用できたとしても、エンティティと絡ませてカプセル化をするわけではないので、保守性に問題のある設計になります。ただし、構造は簡単になるので設計を単純化できます。

TransactionScriptでは、エンティティに関連したポリモーフィズムは実現できません。エンティティが概念モデルを使って継承などのオブジェクト構造を設計していながら、対応する処理であるビジネスロジックがTransactionScriptということで、カプセル化されずに細切れで配置されるのには問題があるかもしれません。

TransactionScriptを適用するには、何らかの単位でServiceクラスを作成し、そこにメソッドを追加していきます。DIコンテナと組み合わせて使用すると、より保守性を高めることができます。その場合はインターフェイスを定義します。多くの場合、TransactionScriptではビジネスロジックを含

めるようにトランザクションスコープを定義するとよいでしょう。DIコンテナを組み合わせることで、ビジネスロジックに影響を与えずにトランザクション管理を追加できます。

アーキテクチャ設計の良書

改めて、前述したアーキテクチャ設計に関する良書を紹介します。

『Patterns of Enterprise Application Architecture』
(マーチン・ファウラー著、ISBN：9780321127426)

この本の内容は、アーキテクチャ設計の初学者が読むには少し難しいかもしれません。内容としては、業務アプリケーション（Enterprise Application）向けの基本的で実用的なアーキテクチャパターンを紹介しています。多くのオープンソースフレームワークや、実際の企業システムで活用されているパターンを整理して説明しています。一度、読まれることをお勧めします。

DomainModel パターン

DomainModel では、ビジネスロジックをエンティティに持たせます。エンティティはカプセル化とポリモーフィズムを実現できます。概念モデルから抽出されたエンティティに自然なかたちでビジネスロジックを配置できます。DomainModel では、エンティティ間に強い依存関係が発生します。エンティティにシステムの重要な情報が集中するので、システムの変更要件がエンティティに局所化されています。その反面、エンティティが複雑になってしまう可能性があります。適宜、Strategy パターンなどを使ってビジネスロジックを別のクラスに切り出すとよいでしょう。

トランザクション管理は、エンティティに付与するか、Facade クラスを用意します。

TransactionScript VS DomainModel

TransactionScript（図4-4）とDomainModel（図4-5）のどちらが良い
のかは、長きにわたって議論され続けています。オブジェクト指向を素直に
捉えるならば、カプセル化をすることで、データベースのテーブルの変更や
ビジネスロジックの変更を隠ぺいできます。これはDomainModelの考え
方です。TransactionScriptは、処理とデータを別々に扱うという意味では
従来の手続き型に近いものです。これはオブジェクト指向とは異なる考え方
です。ただし、一部ではこのTransactionScript的なアプローチが増えてき
ています。その一部はJavaの世界が中心かもしれません。EJBに始まる
EntityBeanとSessionBeanの役割分担だったり、レイヤーアーキテクチャ
におけるサービス層というビジネスロジックに特化した層の登場だったりし
ます。TransactionScriptを推進する人々は、TransactionScript[注4-2]は従来
の手続き型とは同じではないと言います。確かに、現在のTransaction
Scriptは役割が細分化されており、重複したコードが登場しないようになっ
ています。また、TransactionScriptを適用するような業務システムには、
それほど複雑なビジネスロジックがなく、せいぜい四則演算くらいかもしれ
ません。その程度の複雑さであれば、カプセル化するまでもありません。オ
ブジェクト指向や手続き型といった用語には、実際のプログラミング言語の
イメージがあわさっていることも事実です。手続き型というと、CやCOBOL
のような昔からあるプログラミング言語の印象も一緒に持ちあわせていま
す。手続き型をJavaで開発するのは、COBOLとは違うのかもしれません。
また、いまだにリレーショナルデータベースが主流だという状況も影響して
いるかもしれません。リレーショナルデータベースに永続化することを考え
ると、データはシンプルにしておくほうがよさそうな気がします。

DomainModelを開発するには多少のスキルが必要です。DomainModel
にビジネスロジックを追加していくと、DomainModelが巨大化したり、
他のDomainModelの呼び出しが多くなり、かえって複雑になることがあ

注4-2：推進する人々はTransactionScriptといったネガティブな名前では呼びませんが、ここで
はわかりやすくするためにTransactionScriptと呼びます。

ります。そのような場合は、適切にデザインパターンなどを取り入れて、DomainModelの構造をシンプルにしながら、処理を追加するようにしなければなりません。

TransactionScriptは、設計するのは簡単ですが、ビジネスロジックが細切れになってしまいます。また、共通化するためには何らかの設計基準が必要になり、同じDomainModelへの操作をまとめることになったりします。それではDomainModelと同じなのですが、DomainModelにビジネスロ

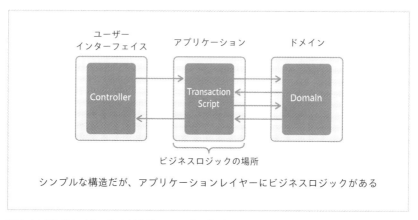

図4-4：DDDレイヤーにおけるTransactionScript

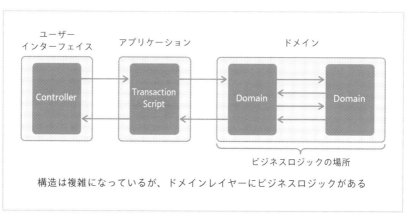

図4-5：DDDレイヤーにおけるDomainModel

202

ジックを入れないだけ、DomainModelをシンプルに保つことができます。

　結局のところ、オブジェクト指向のカプセル化という考え方のメリットもデメリットも踏まえたうえで、ビジネスロジックとデータをカプセル化するのかが論点になると思います。多くの場合、データベースのテーブルに変更があれば、ビジネスロジックにも影響が及ぶのが普通ですので、DomainModelにメリットがあるように思えます。ただ、DomainModelにもデメリットはあるので、TransactionScriptを採用した場合にカプセル化が行えない分のデメリットを他の設計手法で担保できればよいのです。このトレードオフは、開発プロジェクトによって判断するしかないでしょう。

TransactionScriptとDomainModel

　この議論にはまだ結論は出ていないようです。ただ、非常に主観ですが、やはりJavaで開発することが多い人には、TransactionScriptを支持する傾向があるように思います。Javaでは、ビジネスロジックの細分化が非常に進んでいます。個人的にはやり過ぎだと思うほどです。EJBやStruts、DIなどのJavaコミュニティが提供するさまざまなフレームワークの影響があるように思います。フレームワークを使ってシステムを開発すると、自然とそのフレームワークが持つ設計思想のようなものを受け継いで設計してしまいます。それは良いことで、優秀なエンジニアほどフレームワークの設計思想を敏感に感じ取り、それにあわせようとします。

　また、言語仕様による問題もあるかもしれません。Javaでは多重継承ができないので、継承（is-a）構造以上に共通化をしようとすると、has-a関係で部品クラスを持つ必要があります。これがソースコードの構造を若干汚くします。RubyのModuleのような機構があれば、クラス構造をきれいなままで共通化を行うことができます。

　ちなみに、筆者はJavaで書く時にはTransactionScriptにすることが多いのですが、RubyではDomainModelにします。

データベースプログラム設計

次に、データベースプログラムの設計について説明します。使用するフレームワークは、HibernateおよびMyBatisという前提で話を進めます。

O/Rマッピングの必要性

データベースプログラム設計では、O/Rマッピングフレームワークとして Hibernate や MyBatis などを使用します。では、なぜ O/R マッピングが必要なのでしょうか？

確かに、以前はO/Rマッピングは使用しませんでした。Javaでも JDBC（Java DataBase Connectivity）というデータベース製品に接続するためのAPIが提供されています。今でも、開発プロジェクトによってはJDBCを使っていることでしょう。ただ、JDBCが行うのは、①コネクションを取得する、②渡されたSQLを実行する、③StringやIntegerといった基本的なクラスで結果を取得する、といったことだけです。SQLを組み立ててオブジェクトに結果を格納するのは、プログラムが行わなければなりません。

データベース論理設計の節で説明したように、オブジェクトの世界とデータベースのリレーションの世界には、インピーダンスミスマッチが存在します。データベース論理設計の説明の中でも、リレーションでの継承の実現方法や、多対多関連の関連テーブルでの表現方法を説明しました。さらに、オブジェクトからのSQLの組み立てや、結果からのオブジェクトへの格納も、インピーダンスミスマッチです。言うまでもなく、インピーダンスミスマッチはJavaだけでなく、どのプログラミング言語でも発生します。

インピーダンスミスマッチに対して、これまでも無策だったわけではありません。JavaでもEJB（Enterprise JavaBeans）が以前からありました。EJBにはSessionBean、EntityBean、MessageBeanがあり、EntityBeanはデータベースに格納する永続化オブジェクトを分散オブジェクト環境で扱えるようにしたものです。EntityBeanは、O/Rマッピングの機能も含んでいます。EJBを実行するには、専用のEJBコンテナを搭載したWebアプリケーションサーバー製品が必要でした。このように、EJBはあまりにも多機能で、複雑で、重すぎたので使える場面が限定されるため、実用的ではありませんでした。

EJBに対する反省もあり、オープンソースの有志たちによって軽量のO/Rマッピングツールが開発されました。その1つがHibernateです。Hibernateの設計思想はEJB3.0にも取り込まれています。MyBatisはApache Software FoundationでiBatisと呼ばれていたものが独立したものです。他にも、表4-2のようなO/Rマッピングツールが利用できます。

表4-2：主なオープンソースのO/Rマッピングツール

ツール	開発元	ライセンス
Hibernate	Red Hat、JBoss	LGPL
MyBatis	The MyBatis Team	Apache License, Version 2.0
Spring Data	VMWare、The Spring Team	Apache License, Version 2.0

O/Rマッピングツールの役割で大事なことがあります。それは、特定のデータベース製品にプログラムが直接依存しないようにすることです。データベース製品ごとに、SQLに方言があります。O/Rマッピングツールが、データベース製品によるSQLの違いを吸収してくれるか、局所化して隠ぺいしてくれます。これにより、データベース製品がバージョンアップしたり、他のデータベース製品に変えたり、複数のデータベース製品で動作させたりすることがプログラムの変更なしに行えます。このように、O/Rマッピングツールは非常に便利なものです。

O/Rマッピングツールが提供する一般的な機能をおさらいしましょう。

●オブジェクトとテーブルのマッピング
●永続化オブジェクトのライフサイクル管理（コネクション管理、SQL
　の実行）
●トランザクション管理
●並列性・ロック制御

DAO パターンを使う

　データベースプログラミングの分野における発展は、O/Rマッピングだけではありません。デザインパターンも発展しています。DAOパターンがそれです。

　DAOとはData Access Objectの略です。書籍『Core J2EE Patterns』（ディーパック・アラー、ジョン・クルーピ、ダン・マークス著、ISBN：9780131 422469）で紹介されているパターンです。これは、マーチン・ファウラー氏の著書『Patterns Of Enterprise Application Architecture』では、「Table Data Gateway」として紹介されています。永続化処理を永続化されるオブジェクトから分離し、DAOクラスに隠ぺいするためのパターンです（**図4-6**）。

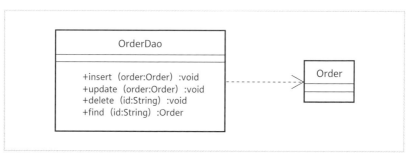

図4-6：DAOパターン

　さらに、DAOインターフェイスを定義し、DAO実装クラスを分離することで、DAOの実装を切り替えることができます。複数のO/Rマッピングツールを切り替えたり、他の永続化先に変更したりできるようになります。DAO

パターンを使うことで、永続化するオブジェクトをPOJOとして扱うことができます。では、このPOJOのオブジェクトはどのようなものでしょうか？データベースに永続化されるオブジェクトですので、概念モデルに登場するオブジェクトが最も相応しいでしょう。概念モデルをもとに作成される、データベースに永続化するオブジェクトをエンティティ（Entity）と呼びます。Domainとは、システムが関心のある対象の領域という意味です。業務システムであれば、業務に関連するオブジェクトがエンティティになります。実際には、DAOパターンの役割は、HibernateやMyBatisなどのORMが担ってくれます。ORMを活用してエンティティと永続化処理を分離しましょう。

エンティティクラス図の作成

ここまでは、O/RマッピングとDAOの考え方について説明しました。ここからは、データベースプログラミング設計を具体的に行っていきましょう。

まず、概念モデルをもとにしてエンティティのクラス図を作成します。ほとんどは、開発プロジェクトの命名規約に従って、概念モデルのクラス図からクラス名や属性名を英語名にし、アクセサーメソッドを追加します。アクセサーメソッドとは、クラスの属性へのgetterメソッドとsetterメソッドです。通常、Javaではset[属性名]、get[属性名]と付けます。これが冗長だと思うなら、「クラス図にはアクセサーメソッドは書かない」と開発プロジェクトで決めても問題ありません。その場合でも、エンティティを開発する時にはアクセサーメソッドを実装してください。概念モデルからエンティティクラス図を作成する際に重要な点は、クラス間の関連をどのように付けるかです。

概念モデルからエンティティクラス図を作成するには、次のことを行います。

● 概念モデルの日本語のクラス名を英語のクラス名にする
● 概念モデルの日本語の属性名を英語の属性名にする
● アクセサーメソッドを追加する
● クラス間の関連に方向（矢印）を付ける

　概念モデルでは、クラス間の関連は、ほとんどが矢印にはなっていなかったと思います。これは、概念モデルでは関連の方向性が重要ではなかったためです。エンティティクラス図では、この関連の方向性が重要です。関連の方向性は、クラスを実装する時に、どちらのクラスが相手先のオブジェクトへの参照を持っているか、つまり属性を持っているかを表現します。エンティティクラス図で関連を矢印にし、多重度が1つであれば相手クラスを属性に持ち、多重度が多であれば相手クラスのコレクションを属性で持つことになります。関連の矢印の方向を決めるのは簡単ではありません。

　エンティティの関連の矢印を決めるには、プログラムがどのエンティティを中心に操作するのかを考える必要があります。OrderとOrderDetailがヘッダーと明細の関係になっていれば、ヘッダーであるOrderを先に呼び出して、OrderからOrderDetailを呼び出すのが自然な処理の書き方でしょう。この場合は、OrderからOrderDetailへの矢印になります。

　では、OrderとMemberの関連はどうでしょうか？ MemberがOrderを所有していると考えれば、MemberからOrderに向かって多重度が多である関連の矢印を書くのが自然に思えます。ただし、この場合は実際の処理を考えたほうがよいでしょう。例えば、MemberのOrderの状況を一覧で表示する画面があるとします。ログインしているMemberオブジェクトがあるとして、MemberからgetOrdersメソッドを呼び出すでしょうか。確かにOrderの件数が少なければこれでもよいのですが、実際には件数が多い可能性があり、ページ制御をする必要があるかもしれません。その場合は、MemberからgetOrdersするのではなく、Orderを直接条件指定でfindするほうがよさそうです。つまり、SQLのSELECTをorderテーブルに対してWHEREを付けて実行します。こうすれば、必要件数だけ取り出せるので、ページ制御もできます。

　会員注文履歴画面では、Orderを中心に処理を行います。具体的な処理方法を意識して設計するあたりが、邪道に思えるでしょうか。しかし、設計とは実装方法を記述することが目的なので、実装を意識するのは間違っていません。エンティティの関連は、処理を設計しないと検討できないので、ひとまず必要最低限の関連だけを設計し、処理の設計にあわせて追記・調整するとよいでしょう。

DAOクラス図の作成

DAOを設計します。基本的に、DAOはエンティティに対して1つ作成します。DAOには、CRUDと呼ばれるメソッドと、findメソッドを作成します。

CRUDとは、「Create、Read、Update、Delete」の頭文字を取ったもので、作成・読み込み・更新・削除といったデータベースへの基本的な操作を表すものです。

次に、findメソッドをDAOに作成します。エンティティの関連と同じように、ビジネスロジックの処理によって追加していきます。これも、ひとまず必要最低限の関連だけを設計し、処理の設計にあわせて追記・調整するとよいでしょう。

トランザクションの制御

データベースプログラミングでトランザクション制御を検討することは重要です。データベースのトランザクションとは、ほとんどのデータベース製品が提供する機能で、データベースへの操作をまとまった単位で確定させる仕組みです。トランザクションがあるおかげで、データベース操作が途中でエラーになったとしても、確定させずにロールバックできます。データベースのデータが整合性を常に保つことができるのです。

HibernateやMyBatisのようなO/Rマッピングツールも、トランザクションをサポートしています。実際には、使用するデータベース製品のトランザクション機能を使っており、HibernateやMyBatisはそれをラップした機能を提供します。例えば、注文を登録する処理を考えてみましょう。エンティティとしては、OrderとOrderDetailの2つを作成してデータベースに登録する必要があります。DAOを作成するので、DAOのcreateメソッドを使って登録します。

例えば、次のようなプログラムを記述するとします。

```
Order order = new Order();
    order.setXXX
    OrderDetail orderDetail = new OrderDetail();
    orderDetail.setXXX
    order.setOrderDetail(orderDetail);
OrderDao.create(order);
```

　OrderとOrderDetailを作成し、DAOのcreateメソッドを呼び出して登録します。この時、OrderDao#createメソッドでトランザクションが必要になります。この例では、OrderとOrderDetailの2つのエンティティをデータベースに登録しています。つまり、発行されるSQLは、「INSERT INTO ORDER」と「INSERT INTO ORDER_DETAIL」の2つです。このSQLは、Hibernateによって連続して実行されます。1つ目のSQLの直後に何らかのエラーが発生すると、2つ目のSQLが実行されません。1つ目のSQLだけではOrderしか登録されておらず、データベースに不整合なデータができてしまいます。そのため、この2つのSQLを1つのトランザクションで実行します。このトランザクションの範囲をトランザクションスコープと呼びます。

　2つのSQLが実行される間隔などは非常に短い時間で、最近のCPUであれば一瞬で処理するだろうと思うかもしれません。確かに処理は一瞬です。しかし、実際のシステムでは、その一瞬に障害が発生することは珍しくありません。特に、データベース操作のような外部へのI/Oが発生する処理[注4-3]では、CPUの処理速度に比べて処理に非常に時間がかかります。人間にとっては一瞬でも、システムにとってはけっこうな時間なのです。

　トランザクションは、プログラムから開始と終了を指定します。終了には、データベース操作を確定する場合のコミット（commit）と、データベース操作をキャンセルする場合のロールバック（rollback）があります。一度コミットすると、データベースに反映されます。ロールバックした操作は完全に失われます。システムがダウンするなどのコミットが行われない状況では、データベースによって自動的にロールバックされます。

　トランザクションを設計するには、次の2点に注意する必要があります。

注4-3：実際にI/Oが発生するかどうかは、データベースドライバによりますが。

●トランザクションアイソレーションレベル
●トランザクションスコープ

　トランザクションアイソレーションレベルは、複数のトランザクションが同時に実行された場合に、お互いのトランザクションの見え方をレベルで指定するものです。難しいですね。このトランザクションの見え方とは何でしょうか？　サーバーシステムでは、Webブラウザのようなクライアントから、同時にリクエストが来ることがあります。ある程度の大きなシステムであれば、100や1000のリクエストを同時に処理することも珍しくありません。サーバーシステムでは、同時に来たリクエストを処理するためにスレッドを割り当てたり、プロセスを起動したりして処理を行わせます。スレッドは、マルチスレッドなどというように、1つのプロセスが複数の処理を並行して行うための仕組みです。Webアプリケーションサーバーは、スレッドプールを搭載しています。スレッドプールはいくつかのスレッドのインスタンスを保持しており、リクエストが来るたびに空いているスレッドをリクエストに割り当ててくれます。実際にリクエストの処理を行うのは、この割り当てられたスレッドです（**図4-7**）。

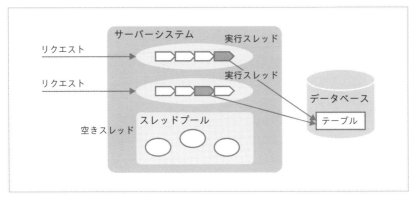

図4-7：リクエストの処理

　プロセスを起動するのもスレッドと同じような理由からですが、プロセスのほうがスレッドよりも独立性が高いというメリットがあります。ただ、一般的にはスレッドプールのスレッドを使うよりも、プロセスの起動には時間

がかかります。プロセスは独立性が高いので、複雑なスレッドプログラムを開発する必要もなく、仮にプロセスに問題が発生したとしても、他のプロセスに影響を与えることはありません。

　スレッドもプロセスも、並列して処理を行うことができます。スレッドは特別な処理をしない限り、独立して実行されます。特別な処理とは、Javaのsynchronizedのような同期ブロックで処理を行うことや、スレッド間で同じオブジェクトのインスタンスを共有することなどです。このような処理を行わなければ、並列して動いている他の処理を意識せずに実行されます。しかし、問題があります。それはデータベースです。

　マルチスレッドで処理を行わせたとしても、データベースだけは複数の並列する処理が同期してしまいます。もちろん、それぞれのスレッドの処理が違うテーブルを操作するのであれば、並列に処理されます。同じデータベースの同じテーブルを操作する時が問題です。

　では、何が問題なのでしょう？　先ほど、トランザクションではコミットしないとデータベース操作が確定しないと説明しました。データベース操作が確定しないということは、データが更新されないことを意味します。当然ながら、コミットしていないデータは、他のスレッドのトランザクションからは参照できません。仮に、同じテーブルのレコードを参照したとしても、更新前のデータが見えるはずです。このように、トランザクション間でコミットの有無によってデータがどのように見えるのかを指定するのがトランザクションアイソレーションレベルです。

　SQL-92の仕様では、アイソレーションレベルを次のように定義しています。

- READ_UNCOMMITTED
- READ_COMMITED
- REPEATABLE_READ
- SERIALIZABLE

　先ほど述べた「コミットしていないデータは、他のトランザクションからは参照できない」というのは、READ_COMMITEDなアイソレーションレベルを指定した場合の話です。名前のとおり、COMMITEDなデータをREAD

できるということです。

では、READ_UNCOMMITTEDというアイソレーションレベルではどうなるのでしょうか？ これも名前のとおりですが、UNCOMMITTEDなデータもREADできてしまいます。これは、他のトランザクションがコミットしていないデータの更新も参照できることを意味します。コミットされていないデータの更新は不整合で、不確定なものです。このようなコミットされていないデータを参照できることを「ダーティリード」と呼びます。アイソレーションレベルのREAD_UNCOMMITTEDでは、ダーティリードが発生するといいます。アイソレーションレベルのREAD_COMMITEDでは、ダーティリードは発生しません。

図4-8に、ダーティリードの例を示します。

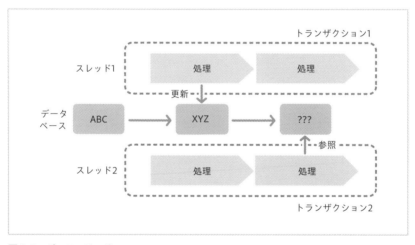

図4-8：ダーティリード

ご覧のとおり、スレッド1と2があり、それぞれ処理を行います。データベースにABCというデータがあり、各スレッドの処理からデータを操作します。まず、スレッド1がトランザクションスコープ内でABCをXYZに更新します。トランザクション1がコミットする前に、トランザクション2が同じデータを参照したとします。この時、参照できるデータの値は何でしょうか？ アイソレーションレベルがREAD_UNCOMMITTEDであれば、XYZが参照できます。アイソレーションレベルがREAD_COMMITTEDであれ

ば、ABCが参照できます。

　次に、スレッド2が同じトランザクションの中で、データベースの同じ
データを2回参照したとします。同時にスレッド1が同じデータを更新して
います。スレッド2の2回目の参照はどのような値になるでしょうか？ ポイ
ントは、トランザクション1がコミットされてから、トランザクション2が
データを参照していることです（**図4-9**）。

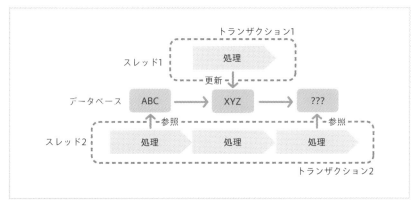

図4-9：参照のタイミング

　これは、ノンリピータブルリードの問題です。アイソレーションレベルが
READ_COMMITTEDであれば、コミットされたデータを参照できるので、
2回目の参照ではXYZが参照できます。これには問題があるかもしれませ
ん。スレッド2では、同じトランザクションの中で同じデータを2回参照し
たにもかかわらず、2回の参照でABCとXYZというように異なる値になっ
ています。これでは、トランザクションにおけるデータの整合性は保たれま
せん。そこで、アイソレーションレベルをREPEATABLE_READにすること
で、2回の参照で同じABCを値として参照できるようになります。

　ここまでは、同じデータを更新（UPDATE）し、参照（SELECT）する場合
の話です。さらに踏み込んで考えてみましょう。例えば、データ（行）を作
成（INSERT）し、削除（DELETE）する場合ではどうでしょうか（**図4-10**）。

　この問題は、ファントムリードと呼ばれます。アイソレーションレベルが
REPEATABLE_READで2回参照した場合には、1回目に参照した時に存在し

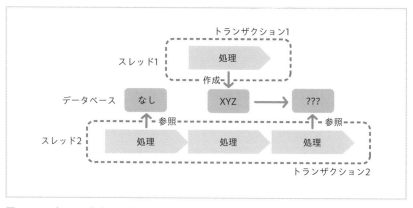

図4-10：データを作成し、削除する場合

なかった行が、2回目に参照した時は存在しています。これでも、トランザクションにおけるデータの整合性は保たれません。そこで、アイソレーションレベルをSERIALIZABLEにすることで、2回の参照で同じように存在しないデータを参照できないようになります。

　トランザクションのアイソレーションレベルを**表4-3**にまとめます。トランザクションが発生しないケース（NONE）も含めています。

表4-3：アイソレーションレベル

種類	トランザクション	アイソレーションレベル		
		ダーティリード	ノンリピータブルリード	ファントムリード
NONE	なし	発生する	発生する	発生する
READ_UNCOMMITTED	あり	発生する	発生する	発生する
READ_COMMITED	あり	発生しない	発生する	発生する
REPEATABLE_READ	あり	発生しない	発生しない	発生する
SERIALIZABLE	あり	発生しない	発生しない	発生しない

　多くのデータベース製品では、REPEATABLE_READとSERIALIZABLEを実

現するために処理時間とリソースを消費します。これは、コミットされたデータも、トランザクション単位でデータのコピーを管理する必要があるからです。また、トランザクションでのデータベース操作を工夫することで、同じデータを複数回参照する必要をなくすことができます。1回参照したデータを、トランザクションが終わるまでメモリの中に保持していればよいのです。そう考えると、ほとんどのプログラムではアイソレーションレベルをREAD_COMMITTEDにすればよいことがわかります。実際、多くのデータベース製品のアイソレーションレベルのデフォルト値は、READ_COMMITTEDです。

データベースロック

アイソレーションレベルは、他のトランザクションが更新したデータをどのように見えるかを制御するためのものです。仮に、同じデータを更新する場合にはどうなるでしょうか？ アイソレーションレベルは見え方を制御するだけなので、そのデータを他のトランザクションが更新することを制御できません。そのための仕組みはロックと呼ばれます。

ロックにも、テーブルの行単位でロックを取得するものや、テーブル単位でロックを取得するものがあります。さらに、更新用のロックや参照用のロックなどいろいろあります。最近のデータベース製品は、ロックの範囲を最小限にすることで処理待ちを最低限にし、パフォーマンスの改善とデッドロックを回避しています。実際のロックの仕組みは、データベース製品によってかなり違います。よく使われるロックにSELECTの更新ロックの取得があります。例えば、商品の在庫データに対して更新を行いたいとします。在庫数を更新するには、データベースに格納されている現在の在庫数を取得（SELECT）して、取得した在庫数から購入数を減算し、減算した在庫数をデータベースに更新（UPDATE）することになります。在庫数の取得でSELECTを1回行って、計算した在庫数をデータベースにUPDATEします。このSELECTからUPDATEまでの間に、他のトランザクションによって在庫数を更新されてしまうと不整合が発生します（**図4-11**）。

仮に、トランザクションのアイソレーションレベルをSERIALIZABLEにし

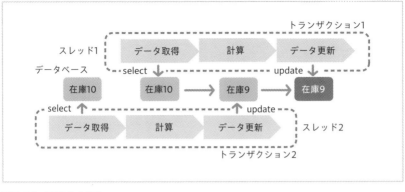

図4-11：不整合の発生

ても、データの更新はできるので問題は発生します。

　この問題を回避するにはロックを取得します。最初のSELECTの時に更新ロックを取得します。「SELECT * FROM order FOR UPDATE」というSQLを実行します。普通のSELECT文にFOR UPDATEが付いています。実際の記述方法はデータベース製品によって若干異なりますが、HibernateやMyBatisなどのORMを使っているのであれば、その違いを吸収してくれます。取得したロックは、トランザクションが終了する時に自動的に開放されます。ビジネスロジックの処理を設計する際に発行するSQLからロックについて検討します。

コネクションプール

　サーバープログラムは大量のリクエストを処理するために、データベースコネクションを再利用します。データベースコネクションを再利用するための仕組みをコネクションプールと呼びます。あるスレッドがデータベース操作を行う時に、コネクションプールから空いているデータベースコネクションを取得します。コネクションプールからデータベースコネクションを取得した時点で、データベースコネクションはOPENしています。データベース

コネクションを取得する処理に時間がかかるので、データベースコネクションを再利用することで大幅な性能改善が行えます。

多くのコネクションプールは、初期コネクション数、最大コネクション数、追加コネクション数を設定できます。コネクションプールの初期化時に、初期コネクション数分のデータベースコネクションを取得します。サーバープログラムのリクエストの処理がスレッドによって実行されると、必要に応じてコネクションプールにデータベースコネクションの取得が行われます。コネクションプールは空いているコネクションを返します。空いているコネクションがなければ、追加コネクション数のデータベースコネクションを作成します。リクエストの処理スレッドでコネクションが不要になると、そのままコネクションプールに使用が移ります。コネクションプールは返されたデータベースコネクションを空きコネクションとして管理して、次に再利用します。

コネクションプール機能は、Webアプリケーションサーバー製品によっては提供されています。Webアプリケーションサーバーにコネクションプールがない場合には、オープンソースでもコネクションプールライブラリが提供されているので、それを利用できます。

マスタのキャッシュ

多くのアプリケーションで性能のボトルネックになるのは、システム外部へのI/Oが発生する処理です。データベース操作やファイル操作、通信処理などです。I/Oの回数を減らすためにはデータキャッシュが有効です。キャッシュを適用するデータは、多くの機能から参照されるもので、更新の少ないデータが最適です。データベースのマスタデータなどはよいかもしれません。

キャッシュを行うデータを決めて、キャッシュを実装します。HibernateやMyBatisにもキャッシュの機能が提供されているので利用できます。ただし、最近ではORMでキャッシュするのではなく、冗長化された複数のサーバー間でキャッシュを共有するためにインメモリデータベースを活用します。

データベース物理設計

次に、データベース物理設計の説明に入ります。

物理ER図の作成

データベース物理設計では、データベース論理設計で作成した論理ER図から物理ER図を作成します。また、テーブル定義書を作成します。物理ER図を作成するには次のことを行います。

- ●テーブル名と列名を英語表記にする
- ●列の型やサイズを付ける
- ●パフォーマンス設計を行う

テーブル名と列名を英語表記にするには、テーブル名や列名の命名規則を開発プロジェクトで作成する必要があります。そのシステムの企業ですでに命名規則がある場合には、それに従うのがよいでしょう。

列の型やサイズは、使用するデータベース製品で定義している型やサイズの付け方をします。サイズは画面設計の入力チェック仕様をもとに、各項目の十分なサイズを検討します。

パフォーマンス設計

　データベース物理設計でいちばん重要なのが、データベースパフォーマンス設計です。データベースパフォーマンス設計とは何でしょうか？ 多くの人は事前にパフォーマンスを作り込むのは難しいので、開発が終わって負荷テストをしてから、パフォーマンスに問題があればチューニングすればよいのではと考えているかもしれません。確かにデータベースのパフォーマンスは実際に動かしてみないとわかりません。ただ、設計の段階でもパフォーマンスを向上させるためにできることはあります。すべての開発が完了してから負荷テストで問題が出た場合には、問題の内容によっては大幅な改修が必要になります。開発前にパフォーマンス設計を行うことで、負荷テストで問題が発生した場合にも対応しやすくなります。

　データベース論理設計では、正規化を行うことで、データを冗長に持たないようにしてきました。データの二重管理は忌むべきものですので、この考え方は間違っていません。ただし、データベースのパフォーマンスを考えると、正規化はデータベースへの照会（SELECT）をする時に、テーブルの結合（JOIN）を多く行う必要が生じます。テーブルの結合はうまく設計しないと、データベースのパフォーマンスが低下する原因になります。皆さんも経験がありませんか？ Webシステムの検索画面で、検索条件によっては検索の結果が返ってこないままブラウザの応答がなくなり、そのうち通信がタイムアウトしてしまうことがあります。普通のWebシステムで処理がタイムアウトするほどの待ちが発生するのは、多くの場合、データベースが原因です。

　データベースのパフォーマンスで難しいのは、実際に開発してから負荷テストをして、はじめて問題に気付くことが多いという点です。負荷テストでも発見できずに本番運用が始まってから問題に気付くこともあります。これは、データベースのパフォーマンスがハードウェア（CPU、メモリ、ディスク）、データベースとシステムの間のネットワーク、OS、データベース設計、プログラム設計、データベースに格納されるテストデータなどの組み合わせによって異なることによります。中でもディスクI/Oは、データベースのパフォーマンスに大きな影響を与えます。最も良いのは、ディスクI/Oの

発生を減らすようにアプリケーションやデータベースを設計することですが、ハードディスクの性能や台数や構成も影響します。データベース製品は、ディスクI/Oを減らすために多くのデータをメモリ中にキャッシュしています。そのためメモリやCPUも重要です。

　負荷テストを行う場合は、できるだけ本番環境と同じデータを用意する必要があります。同じデータとは、データ量とそのデータの内容の両方が本番環境に近似している必要があるということです。データ量が少なければ、インデックスが正しいことを確認できませんし、データの内容が本番と異なれば、結合によるパフォーマンスへの影響を確認できません。

　プログラム設計も、パフォーマンスに大きく影響します。つまり、SQLの書き方です。同じ結果を返すSQLでも、書き方によって性能に大きな違いが出ることがあります。プログラムが発行するSQLは、ビジネスロジックプログラム設計やデータベースプログラム設計で検討されます。

　これらのハードウェア、データベースとシステムの間のネットワーク、OS、データベース設計、プログラム設計、データベースに格納されるテストデータは、検討されるタイミングが異なります。プログラム設計であるビジネスロジックプログラム設計やデータベースプログラム設計も内部設計で行いますので、このデータベース物理設計と同時並行に行われている可能性もあります。テストデータは、テストの直前になるまで用意できないこともしばしばです。テストデータの傾向によって、プログラム設計やテーブル設計に影響が出ることは稀にあります（**表4-4**）。

表4-4：パフォーマンスに影響する項目

項目	工程
ハードウェア（CPU、メモリ、ディスク）、ネットワーク、OS	外部設計
データベース設計	外部設計で論理設計 内部設計で物理設計
プログラム設計	内部設計
データベースのデータ	遅い場合はテストまで決まらない

　データベースのパフォーマンスを検討するうえで、難しい点があります。それは、データベースのパフォーマンスのチューニング方法が、データベース製品によって異なるということです。また、同じデータベース製品でもバージョンによって違ったりします。同じOracleでも8i以前と10gでは違います。SQLとしては同じでも、パフォーマンスの効果が違ったりするのです。これはデータベース製品の内部の実装の問題なので、アプリケーションは意識しないことが理屈としては正しいし、そうあるべきだと思います。しかし、実際にデータベース製品の実装をある程度わかってSQLを書かないと、パフォーマンスに数倍の違いがあると言われてしまっては無視することはできません。

　本書では、データベースパフォーマンスを考慮したデータベース設計とプログラム設計について説明します。

　パフォーマンスチューニングを知るためには、データベースがどのように動作しているかを知る必要があります。Oracleを参考に、データベースの動作する仕組みの概要を説明します（図4-12）。

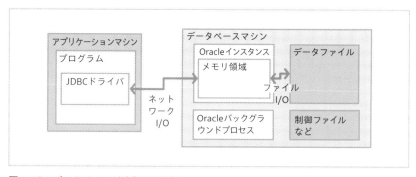

図4-12：データベースが動作する仕組み

　設定にもよりますが、Oracleインスタンスは接続してくるプログラムごとに専用サーバープロセスを作成します。Oracleインスタンスから見れば、プログラムはクライアントであるといえます。このクライアントからデータベースサーバーへの接続のことをセッションと呼んだりします。サーバープロセス以外にも、モニタプロセスや、ファイルへの書き込みプロセスなどのさまざまなバックグラウンドプロセスが常時起動しています。

　基本的にOracleのテーブル定義やテーブルの行データ、各種設定などはファイルに書き出されています。そうしないと、データベースプロセスがダウンしている場合にデータを失ってしまい、データ永続化の目的が達成できないためです。ただ、SQLを実行するたびにデータファイルの読み込みを行っていたらパフォーマンスが非常に悪くなるので、Oracleインスタンスはメモリ中にキャッシュや一時データ、制御データなどを保持しています。

　アプリケーションからは、JDBCドライバやOracleであればOCIドライバなどを使ってデータベースサーバーにネットワーク経由でアクセスします。

　データベースのパフォーマンスをチューニングするには、データベースサーバーのファイルI/Oと、クライアントとデータベースサーバーの間のネットワークのI/Oを減らすことが重要です。I/Oを減らすには、I/Oの回数を減らすことと、1回のI/Oで行うデータ量を減らすことの両方が必要です。

　データベースのパフォーマンスで重要な点は次のとおりです。

● I/Oを減らす
● インデックスでデータを見つけやすくする
● 結合を簡単にできるようにする
● 処理はまとめて行う

　I/Oを減らすには、データベースサーバーにおけるファイルI/Oを減らす方法と、クライアントからデータベースサーバーへのネットワークI/Oを減らす方法があります。

　データベースサーバーにおけるファイルI/Oを減らす方法としては、SQLをOracleインスタンスのメモリ領域にキャッシュさせる方法があります。Oracleは実行するSQLの実行計画をメモリ領域にキャッシュします。同じSQLが実行されれば、キャッシュされた実行計画を実行します。SQLを解析するには、テーブル定義や統計情報などを参考にするので、そのためのファイルI/Oを軽減できます。OracleがSQLを解析する時に、同じSQLであると判断するにはSQLの文字列を比較します。そのため、大文字・小文字の違いや空白（スペース）の違いなどや、SQL記述方法の違いによって、取得できる結果としては同じSQLだとしても、違うSQLだと判断されてしまう

ようです。よって、SQLを記述するにも開発プロジェクトで何らかの標準が必要になります。

Oracle の SQL 実行計画

Oracle は、プログラムから要求された SQL の実行を次のような手順で実行します。すなわち、「解析→実行→取得（フェッチ）」です。

解析では、実行する SQL を解析します。形式が正しいか、実行する権限があるかを確認します。次に解析された SQL を実行します。SQL の実行ではオプティマイザと呼ばれるものが実行する SQL を分析して実行計画を作成します。実行計画では SQL を実行するための結合方法やインデックスの使用などが決定されます。結合方法は、基本的にテーブルのデータの統計情報によります。また、インデックスがあれば、必ずインデックスを使うというわけではありません。すべて、オプティマイザが作成する実行計画で決まるのです。SQL のパフォーマンスが良いか悪いかは、実行計画による部分が大きいです。

Oracle が提供するコマンドを使用することで、オプティマイザが作成した実行計画を参照できます。SQL パフォーマンスのチューニングを行うには、実際に実行計画を参照し、結合方法やインデックスの使われ方を確認するとよいでしょう。

プログラムから SQL の記述を統一させる方法として、バインド変数の利用があります。Java の JDBC API であれば、PreparedStatement がそれにあたります。バインド変数を利用することで、SQL 実行時の条件値が違っても、同じ SQL だと認識させることができます。例えば、商品を取得する SQL であれば次のように記述します。

```
SELECT item_id, item_name FROM item WHERE ➲
item_category_id=10
```

　バインド変数を使わないと、item_categoryをSQLに直接書き込む必要がありますが、バインド変数を使うことで次のように記述できます。

```
SELECT item_id, item_name FROM item WHERE ◯
item_category_id=?
```

　このように記述することで、どのitem_categoryを指定した場合でも同じSQLになり、キャッシュが適用されてパフォーマンスも向上します。
　SQLの記述方法を標準化することも重要です。例えば、内部結合を記述する方法はいくつかあります。

```
SELECT item.item_id, item_category.item_category_name ◯
FROM item INNER JOIN item_category ON ◯
item.item_category_id = item_category_id
```

　これは、INNER JOINを明示的に記述する方法です。

```
SELECT item.item_id, item_category.item_category_name ◯
FROM item, item_category WHERE item.item_category_id = ◯
item_category_id
```

　これは、FROMに2つのテーブルを記述し、WHERE句に結合条件を指定した記述方法です。この2つのSQLはまったく同じ結果を返しますが、記述方法が異なります。これらは違うSQLとして判断されてしまいます。
　I/Oを減らすには、クライアントとデータベースサーバーとの間のI/Oを減らす方法もあります。それには、取得するデータ量を減らす方法と、取得回数を減らす方法があります。取得するデータ量を減らす方法は、SELECTで取得する列を必要最低限のものにすることと、SELECTで取得する行を必要最低限のものにすることです。
　SELECTで取得する列を必要最低限のものにするには、次のような＊（アスタリスク）を使ったすべての列を取得するようなSQLの記述はやめるべきです。

```
SELECT * FROM item WHERE item_category_id=?
```

　また、SELECTで取得する行を必要最低限のものにするにはフェッチを使用します。フェッチとは、データベースから照会（SELECT）したデータをプログラムが取り出すことです。SQLで取得する最大行数やフェッチ行数を指定できます。最大行数はSQLの結果の最大行数です。最大行数を100と指定すれば、1000行がWHERE条件に合致したとしても、100行だけが取得できます。これにより、データベースサーバーにおけるファイルI/Oも、データベースサーバーからクライアントに送るデータ量も小さく抑えられます。実際、10000件ものデータをクライアントに返したところで、システムも人間もそれほど大量のデータを必要とすることは稀です。JDBCでは、StatementやResultSetにある最大行数maxRowsを指定することで行えます。

　クライアントのプログラムでは、SQLの結果をJDBCのResultSetを使って取得します。ResultSetは、SQLの結果データを取り出すためのクラスです。ResultSetは、結果データをカーソルが指している1行ごとに取得できます。ResultSet#nextメソッドでカーソルを次に進めることができます。JDBCドライバの実装にもよりますが、SQLを実行してResultSetが作成されても、SELECTしたすべての行のデータをデータベースサーバーからクライアントに送信しているわけではありません。SELECTの結果が1000行であったとしても、いきなり1000行のデータをResultSetに格納するわけではないのです。プログラムからResultSet#nextメソッドを呼ばれると、ResultSetの実装が裏で自動的にデータベースサーバーに取りにいってくれるのです。

　さて、ResultSetの実装は何行分をデータベースサーバーに取りにいくのでしょうか？　毎回、1行ずつデータベースサーバーから取得するのでは、ネットワークのオーバーヘッドが大きくなり、パフォーマンスが悪くなります。プログラムが使いそうな分だけまとめて取得してキャッシュしてほしいものです。ただ、プログラムが当面1行だけを必要としているのか、100行を必要としているのかはResultSetにはわかりません。そこでfetchSizeとfetchDirectionを指定してあげるのです。fetchSizeは、プログラムが一度に必要とする行数を指定します。fetchDirectionは、まとめて取得する行が

カーソル位置から見て順方向（FORWARD）なのか逆方向（REVERSE）なのかを指定します。これにより、ResultSetは必要最低限のデータだけをクライアント側に取得してキャッシュします。ただ、実際にはJDBCドライバの実装によって実現方法は異なります。maxRowsやfetchSizeやfetchDirectionは、パフォーマンスを向上させるための、JDBCドライバとデータベースへのヒントという位置付けです。また、注意が必要なのが、JDBCドライバ側でキャッシュされたものについては、データベースの更新が反映されません。そのため、ResultSetの情報をデータベースの最新の情報にするのに、ResultSetにはrefreshRowメソッドが提供されています。

　インデックスを作成することは、パフォーマンスを向上させるための基本的な方法です。データベースには、条件（WHERE）に一致したデータ（行）を探すためにいくつかの方法がありますが、基本はすべての行をスキャン（フルスキャン）します。当然ながら、データ件数が多ければパフォーマンスは低下します。もっと効率良く目的のデータを探す方法はないのでしょうか？ そこで、インデックスを作成します。Oracleでは各行にROWIDが付けられており、いくつかのルールに従ってROWIDを素早く見つけるための仕組みがインデックスです。Oracleのインデックスのルールには、「Bツリーインデックス」「ビットマップインデックス」「逆キーインデックス」「ファンクションインデックス」があります。それぞれメリットとデメリットがあるので、データの特性にあわせて使い分ける必要があります。特に指定しなければ、「Bツリーインデックス」が作成されます。ここではBツリーインデックスについて説明します（**図4-13**）。

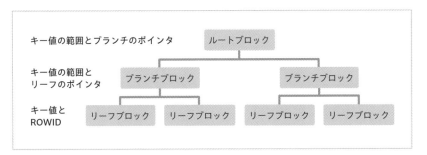

図4-13：Bツリーインデックス

Bツリーインデックス

Bツリーインデックスは、検索するキー値をツリー構造で管理します。ツリー構造は上からルート、ブランチ、リーフの3段階になっています。ルートブロックとブランチブロックには、下位ブロックへのポインタが格納されています。リーフブロックには、キー値に対応するROWIDが格納されています。ルートブロックには、キー値の範囲が定義されており、その範囲ごとに対応するブランチブロックが定義されています。ブランチブロックでも同様にキーに範囲が定義されており、その範囲ごとにリーフブロックが定義されています。検索する時はルートブロックから始めます。ルートブロックで検索するキー値からブランチブロックを決定し、ブランチブロックでもキー値からリーフブロックを決定します。リーフブロックには、キー値に対応したROWIDがあります。すでに説明したように、ROWIDは行を一意に特定するIDです。これで目的の行に辿り着けました。

Bツリーインデックスは、キー値が分散している場合に効果を発揮します。各ブロックは、キー値の範囲ごとにあります。同じキー値の範囲に値が偏って分布する場合には、結局は同じリーフブロックの中だけで検索することになり、インデックスの効果は出ません。例えば、性別といった列には男女の2つの値しかありませんので、インデックスを使っても全体の半分までしか絞ることができません。このようにBツリーインデックスは、値の種類が多いデータに適しています。値の種類が多いデータは、カーディナリティが高いといえます。カーディナリティが低い列には、ビットマップインデックスのほうが適しています。また、検索する条件（WHERE）の列の値が偏っている場合にも効果は出ません。検索する列の値の大半が同じ値だとしたら、それらは同じリーフブロックに所属するので、インデックスの効果は出ません。

検索する条件が広く、全体の行数に対する条件に一致する行数が多い場合は、インデックスを使用するよりもフルスキャンを使用したほうが速い場合があります。

インデックスを使用するうえで注意すべき点は、インデックスが適用されるにはいくつかの条件があるということです。言うまでもなく、検索する条件（WHERE）の列にインデックスが作成されている必要があります。イン

デックスがなければ、フルスキャンで検索されます。Bツリーインデックス
では、検索する条件の列にインデックスが作成されていても、LIKEによる
部分一致で検索を行う場合には、後方一致や中間一致ではインデックスを使
用できません。Bツリーインデックスでは、キー値の範囲によってブロック
を辿ることで検索を行いますが、後方一致や中間一致ではキー値の範囲を判
断できません。また、Bツリーインデックスでは、データベース製品の組込
み関数を使った場合にも、インデックスが適用されません。組込み関数の結
果の値でインデックスを作成しないためです。Oracleでは、ファンクショ
ンインデックスを使用することで解決します。Bツリーインデックスでは、
NULL値のインデックスを作成できません。インデックスを使ったNULL値
での検索は、ビットマップインデックスを作成することで解決します。NOT
EQUALSを検索の条件にすると、インデックスが使われないことがあります。
主キーにはインデックスが自動的に作成されます。インデックスが作成され
ている列のあるテーブルに対して行の挿入（INSERT）、更新（UPDATE）、
削除（DELETE）を行うと、インデックスがない場合に比べてオーバーヘッ
ドが発生し、処理に時間がかかります。

　テーブルの複雑な結合は、パフォーマンスの低下につながります。データ
ベース設計では、テーブルの正規化を崩す方法があります。データベース論
理設計で検討したテーブルの正規化ですが、データを照会（SELECT）する
時に結合（JOIN）が発生すると、パフォーマンスが低下します。ポリシー
の問題はあるでしょうが、基本的に正規化をするのは良いことです。ただ、
どうしても必要なパフォーマンスを得ることができなければ、正規化された
テーブルを統合して冗長なテーブルを作成します（**図4-14**）。すると、照会
する時に結合する必要がなくなり、パフォーマンスが向上します。ただし、
正規化を崩すと、当然ながらデータ構造が冗長になり、同じデータを重複し
て持たざるを得なくなります。重複したデータは挿入、更新、削除などで重
複したデータのすべてを同じく更新するように注意する必要があります。場
合によっては、照会のパフォーマンスは向上しても、挿入、更新、削除のパ
フォーマンスが低下することもあります。

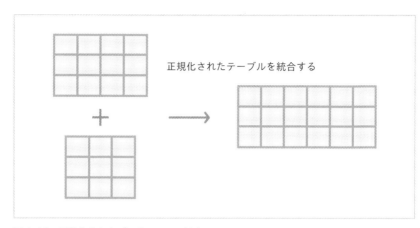

正規化されたテーブルを統合する

図4-14：正規化されたデータベースの統合

テーブル構造を決めてしまうと、ほとんど後から変えることはできません。運用が始まって本番データが格納されてしまえば、なおさらでしょう。

テーブルの正規化を崩すのは慎重に判断しましょう。また、テーブルの正規化を崩す範囲は必要最低限にしましょう。

挿入、更新、削除といった処理は、まとめて行うことでパフォーマンスが向上します。JDBCにはStatement#executeBatchメソッドがあります。ただし、どのように実装されているかは、使用するJDBCドライバを確認してください。

テーブル定義書の作成

物理ER図を作成したら、テーブル定義書を作成します。テーブル定義書には、データベース論理設計とデータベース物理設計で作成したER図をもとに、テーブルごとの詳細な仕様を定義します。テーブル定義書は、Excelなどで作成するとよいでしょう。1つのテーブルに1つのシートくらいにします。

テーブルについての仕様定義項目は、次の2つです。

●テーブル名
●スキーマ名

列ごとの仕様定義項目は、次のとおりです。

●論理列名
●物理列名
●データ型
●長さ
●精度
●必須
●デフォルト
●主キー
●外部キー
●インデックス

データベース物理設計には、データベース製品の知識が必要になります。この後の実装を行ううえでもDBA（データベース管理者：Database Administrator）を選任するとよいでしょう。小さいプロジェクトであれば1名、大きければ数名でDBAチームを組みます。DBAの役割は、システム全体のデータベースの整合性をとることです。ユースケースや画面ごとに設計や実装の担当者が異なる場合に、人によってビジネスロジックとしてのSQLの書き方に違いが出ることがあります。また、パフォーマンスの視点からも、システム全体として考える必要があります。DBAは、概念モデルなどの業務要件もある程度理解している必要があるでしょう。また、データベース製品のパフォーマンス特性などの知識も持っている必要があります。さらに、問題があった場合に、他の開発担当者と調整する必要もあります。

データベースパフォーマンス設計では、データベース製品の内部実装にまで立ち入ってしまいました。本来であれば、特定のデータベース製品の内部実装などは、開発者が知らなくてもよいことであるべきです。データベース製品の内部実装が、次のバージョンでも同じという保証があるわけではないので、それに依存したアプリケーションの開発は望ましくありません。た

だ、残念なことに十分なパフォーマンスを発揮するには、ある程度のパフォーマンスチューニングが必要であり、そのためにはデータベース製品の実装も知る必要があります。開発者にとってせめてもの救いは、データベース製品には比較的寿命の長いものが多くあることです。例えば、Oracleはこの先も使い続けられることでしょう。また、データベース製品の処理方法やアーキテクチャには、I/Oを減らすためのキャッシュだったり、並列度を上げるためのサーバープロセスの管理だったり、システム開発に役立つノウハウがたくさんあります。データベース製品の実装を学ぶ代わりに、データベース製品の設計も学べると思えば、今後のシステム開発の参考にできます。

CRUD設計

　ここまで、画面プログラム設計、ビジネスロジックプログラム設計、データベースプログラム設計、データベース物理設計を行ってきました。ひと通り、システムが何をするのかが明確になってきました。簡単なシステムであれば、これで十分かもしれません。しかし、ビジネスロジックやデータベースが複雑なシステムでは、これだけでは足りません。画面もしくはビジネスロジックにおいて、詳細にどのようにデータベースを更新するのかを明確にする必要があります。そのような場合には、CRUD設計が有効です。すでに説明したように、CRUDとはCreate、Read、Update、Delete の頭文字を取ったもので、作成、読み込み、更新、削除といったデータベースへの基本的な操作を表したものです。CRUD分析・設計では、ビジネスロジックがどのデータベースに対してCRUDを行うかを分析し、設計します。

　CRUD設計は、表を使って行うことができます。横軸にテーブルごとのCRUDをとり、縦軸に画面かビジネスロジックをとります。

　例えば、次のような表です。

表4-A：CRUD分析に用いる表の例

	テーブルA				テーブルB				テーブルC			
	C	R	U	D	C	R	U	D	C	R	U	D
ビジネスロジックA	○				○							
ビジネスロジックB		○	○					○	○	○		

　CRUD分析を行うことで、ビジネスロジックが具体的にどのテーブルを操作しているのか、また逆に、どのテーブルをどのビジネスロジックが操作しているのかが明確になります。特にテーブルを操作するビジネスロジックが明確になることで、テーブルの列をオブジェクトとして捉えた時のライフサイクルが正しいかどうかがわかります。ビジネスロジックBでテーブルAを更新（UPDATE）するのであれば、先に実行されるであろう他のビジネスロジックでテーブルAが作成（CREATE）されている必要があります。

テストのための設計

次に、テストのために必要な設計について説明します。

テストと設計

　システム開発においてテストが重要であることは言うまでもないと思います。テストの目的は、開発したシステムの品質を確認することです。仮にテストで品質が悪ければ、システムのリリース自体を見直すことになるかもしれません。テストでバグが発見されなければ、実際の運用時にバグが発見されることになるかもしれません。テストでは、バグがどれだけ発見されるかが重要です。

　テストにもいくつかの段階があります（**表4-5**）。その段階ごとに、テストするタイミングとテスト対象が異なります。テストは、最も詳細な単体テストから始まり、少しずつ大きなものをテストしていきます。詳細な部分が

表4-5：テストの段階

段階	説明
単体テスト	システムを構成するモジュール単位のテスト。モジュールの単位としてはクラスがある。モジュールの開発が終了した時点で行う
結合テスト	システムを構成するモジュールを組み合わせたテスト。組み合わせる単位は、画面遷移やユースケース。画面遷移やユースケースの開発が終了した時点で行う
システムテスト	システム全体のテスト。システム全体の開発が終了した時点で行う

正しく動作することを確認してから、それらをさらにあわせたものをテストするのです。

表4-5に示したもの以外にも、負荷テスト、運用テスト、受け入れテストなどがあります。負荷テストは、システムの処理に負荷をかけ、システムの性能や信頼性などを評価するためのものです。運用テストは、運用設計に基づいて正常時の運用や障害発生時の運用を行い、システムが運用上問題ないかを評価します。受け入れテストは、システム開発の発注者であるユーザー企業において、開発されたシステムが注文（要件定義）どおりに作成されていることを評価するためのものです。

単体テストは、開発者本人が行うのが一般的です。小規模開発プロジェクトでは、結合テストやシステムテストも開発者本人が行うことがあります。それに対して、大規模開発プロジェクトではテストのためのチームが編成され、開発者とは別の人員によるテストが行われることもあります。テストを行うためには、どのようなテストを行うのかをテストケースとして作成する必要があります。テストケースには、システムに対して何かをした時に、システムがどのような振る舞いをするのが正しいのかを記述します。テストケースを作成するには、システムがどのような振る舞いをするのが正しいのかを知る必要があります。開発者本人がテストを行う場合は、どのようにプログラムが動作するかがわかっているので、テストケースを作成するのも難しくありません。開発者と別の人員がテストを行う場合は、テストケースを作成するためには、何らかの設計書や要件定義書を参照する必要があります。良いテストに良い設計が必要な理由の1つは、良いテストケースを作成するには設計書が必要なためです。

要件定義、設計、実装といった開発の工程は、テストの段階とも対応関係にあるといわれています（図4-15）。

要件定義で定義した内容をシステムテストで確認します。外部設計で設計した内容を結合テストで確認します。同じように、内部設計で設計した内容を単体テストで確認します。言い換えると、システムテストのテストケースを作成する時に、要件定義の内容をインプットとするのです。結合テストのテストケースは、外部設計をインプットとして作成します。同じように、単体テストのテストケースは、内部設計をインプットとして作成します。この考え方は、それぞれのテストの段階で何をテストするのかというレベルを意

図4-15：開発工程とテスト工程の対応関係

識するのに役立ちます。単体テストと結合テストとシステムテストでは、違う視点でテストをする必要があります。同じようなテストを何度も行うのではありません。内部設計と外部設計では、システム内部の作り方と、外部に提供するシステムの価値というように意味が違うはずです。テストでも、単体テストと結合テストとシステムテストは、単純にテスト対象がクラスなのか画面遷移なのかユースケースなのかという違いだけでなく、テストの視点も違います。

　わかりやすい例を挙げましょう。テストには、ホワイトボックステストとブラックボックステストがあります（**表4-6**）。ホワイトボックステストでは、テスト対象の中身を意識してテストします。ブラックボックステストでは、テスト対象の外面だけを意識してテストします。ホワイトボックステストは、内部設計に対応した単体テストで行われる手法です。一方のブラックボックステストは、外部設計や要件定義に対応した結合テストとシステムテストで行われる手法です。

　ホワイトボックステストを行うには、実装したプログラムがあればよいのですが、ブラックボックステストを行うには、外部設計の成果物や要件定義の成果物が必要になります。ブラックボックステストは、テスト対象の入力と出力を確認するためのものですが、入力と出力というのは、外部仕様である外部設計の成果物や要件定義の成果物が必要なのです。設計の成果物や要件定義の成果物がなければ、良いテストは行えません。

表4-6：ホワイトボックステストとブラックボックステスト

テスト手法	説明
ホワイトボックステスト	テスト対象の内部に依存したテストケースを作成して行うテスト。テスト対象の内部構造や実装のパターンによって、入力と対応する出力を確認する。ホワイトボックステストでは、処理の経路を網羅できる。処理の経路の網羅にも程度があり、C0網羅（命令網羅）、C1網羅（分岐網羅）、C2網羅（条件網羅）などがある。C0網羅（命令網羅）では、すべての処理が1度は通るようにテストケースを作成する。C1網羅（分岐網羅）では、すべての分岐条件の真（true）と偽（false）のパターンを網羅するようにテストケースを作成する。C2網羅（条件網羅）では、すべての判断条件の真（true）と偽（false）のパターンを網羅するようにテストケースを作成する。分岐条件とは、1つのifで真（true）と偽（false）の2つのパターンを組み合わせてテストすること。判断条件とは、1つのifでもorやandで複数の判断条件があった時に、そのすべての真（true）と偽（false）の2つのパターンを組み合わせてテストすることを指す
ブラックボックステスト	テスト対象の内部とは無関係にテストケースを作成して行うテスト。テスト対象の入力のパターンと、入力に対して得られるべき出力を確認する

TDD

TDD（Test Driven Development）は、テスト駆動開発とも呼ばれるもので、システム開発におけるテスト手法の1つです（**図4-16**）。特徴は、テストケースを先に作成してからプログラムの実装を始めることにあります。これは、テストファーストともいいます。プログラムはまだ実装していないので、主にブラックボックステストを行うための手法です。先ほど説明したように、テストケースは設計や要件定義と対応しています。テストケースを先に記述するというのは、設計や要件定義の結果をもとに、プログラムが備えるべき機能をテストケースに記述することです。テストケースを先に記述するので、実際のプログラムを実装する時にはテストケースを満たすためにコーディングすることになります。テストケースもプログラムとして記述し

ます。プログラムをテストするためのプログラムを開発するということです。

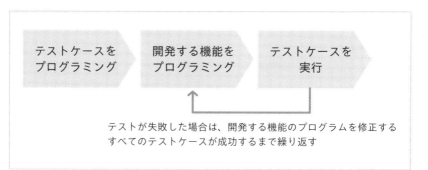

図4-16：テスト駆動開発（TDD）

　テストケースには、Javaであれば JUnit のようなテストフレームワークを使うと便利です。JUnit には、テストメソッドを識別するための @org. junit.Test アノテーションや、テスト結果を集計する仕組みなどがあります。以前のバージョンでは、テストメソッドには「test」という接頭辞を付ける必要がありましたが、最新のバージョンでは @org.junit.Test アノテーションが付いているメソッドをテストケースとして実行してくれます。どちらの方法でもかまいません。

　例えば**図4-17**のような OrderBasket クラスがあるとします。これは、注文するための買い物かごを表現したクラスです。OrderBasket は、商品（Item）を List で格納できます。OrderBasket の calculate メソッドは、買い物かごに格納されている商品の価格を合計するための計算をします。OrderBasketTest クラスは、OrderBasket クラスをテストするためのテス

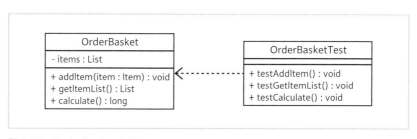

図4-17：OrderBasket クラス

トケースクラスです。OrderBasketTestクラスでは、OrderBasketの1つの
メソッドに対するテストケースを作成しています。ここでは1つのメソッド
に1つのテストケースメソッドを作成していますが、テスト条件によってテ
ストケースメソッドを複数定義することもできます。

　JUnitなどのテストフレームワークを使ってテストをプログラムにできる
と、テスト実行の自動化が可能になります。テストケースがプログラムであ
れば、テストの完了までの時間もほとんどかかりません。テストを手軽に行
えるようになります。このようなテストの自動化によるメリットにより、ア
ジャイル開発の短いイテレーションやリファクタリングを行うことができま
す。TDDではテストケースも開発することになるので、一見すると開発量
が増えてしまい、全体の開発効率が下がると考えがちです。しかし、実際に
はテストの時間が短縮できるので、全体としての開発効率は向上します。テ
ストをする工数よりも、テストをプログラミングする時間のほうが少ないの
です。

　XPのようなアジャイル開発では、短いサイクルでイテレーションを行い
ます。例えば1週間から2週間程度の長さで1つのイテレーションを回しま
す。イテレーションでは、新機能を開発することもあれば、すでに開発され
ている機能を修正することもあります。この短いイテレーションを回すため
にはTDDが必要なのです。イテレーション開発では、開発期間が短いため
に、従来のシステム開発に比べると余裕のある設計時間やテスト時間を確保
することができません。TDDで開発前にテストケースを作成することで、
仕様のミスを発見することができ、開発者も事前に仕様を確認できます。テ
ストを自動化することで、すでに開発されている機能を改修することもでき
ます。すでに開発されている機能には、テストケースも作成されているの
で、それを実行すれば既存機能の動作を確認できます。プログラムを開発す
ると同時にテストが行えるTDDとテストの自動化は、アジャイル開発には
不可欠なものです。

　リファクタリングは、プログラムの機能を変えずに、プログラムの保守性
を高めるための開発手法です。リファクタリングでは、機能をそのままにし
て、プログラムの構造やソースコードを保守性が高まるように修正します。
プログラムの機能が変わっていないことを保証するためにテストケースが必
要です。リファクタリングを始める前に、テストケースを先に作成します。

リファクタリングを行うことで、ソースコードは常にメンテナンスしやすい状態を保つことができます。

　テストの自動化は広まっているようですが、まだまだ認識が低いのも実情です。テストケースは書かなければ意味がありませんし、さらに実行されないと意味がありません。テストケースは書いたけれど実行する人がいないために、無駄になることがあります。例えば、あるプロジェクトのフェーズ1に参加していたとして、非常に網羅性のあるテストプログラムを開発したとします。そのフェーズ1が終わってプロジェクトを去ることになったとしましょう。残ったメンバーにテストケースを引き継いだつもりだったのに、数カ月後に残ったメンバーに様子を聞くと、品質が悪くて困っていると言います。テストケースについて聞いても、後任メンバーは知らないようです。間違いなく、テストケースは実行されていないのです。おそらくこの時点でテストケースを実行しようとしても、機能が変わっているので動かないでしょう。動かなくなったテストケースを動かすには、それなりの工数が必要になります。テストケースは常に動かし続けなければならないのです。常に動かし続ければ、問題が発生しても、どの修正でテストケースが動かない結果になったのかはすぐにわかります。問題の原因がわかれば、テストケースを修正する必要があるのか、行った機能の修正が間違っているのかは簡単に判断できるはずです。テストケースは常に実行し、メンテナンスし続けるように開発プロジェクトの仕事の仕方に組み込んでしまうべきです。EclipseやMavenやGradleのようなビルドツールに組み込むのも良い方法です。

リファクタリング

　リファクタリングについては、マーチン・ファウラー氏の著書である次の本に詳しく書いてあります。

『リファクタリング（第2版）：既存のコードを安全に改善する』
(ISBN：9784274224546)

　本書でもリファクタリングについて簡単に説明しましたが、要するにリファクタリングとは、プログラムを外部から見た時の振る舞い（機能）を変えずに、プログラムの構造やソースコードを変更することです。プログラムの保守性を高めることがリファクタリングの目的です。この考え方は非常に画期的なものです。デザインパターンとこのリファクタリングの2つから筆者が受けた影響は計りしれません。

　従来は、一度作成したプログラムを修正することは、基本的に禁止されていました。特にテスト済みのソースコードを修正するためには、修正箇所へのコメントの挿入や、修正箇所のソースコードレビューは必須でした。もちろん、テストも入念に行います。なぜ、一度作成したプログラムを修正できなかったのでしょうか？　言うまでもなく、新たなバグを作り込まないためです。テストして品質を確認しているものにバグを作り込めば、当然ながら品質は低下します。従来の開発スタイルは、プログラム単位で品質を低下させないことで、結果的に全体の品質を向上させていく方法でした。この考え方は現在でも通用しますが、少し違う点があります。以前は、プログラム自体の品質を管理していましたが、現在ではプログラムの自動化されたテストケースを管理することで、プログラムの品質を担保しようと考えるようになりました。プログラムの自動化されたテストケースさえあれば、プログラム自体を修正しても問題なくなったのです（ただし、テストケースがきちんと揃っている場合だけです。テストケースがなければ従来と同じことをする必要があります）。

　リファクタリングで行うことは、主に次のことです。

- 大きすぎるメソッドやクラスを分割する：役割に応じて分割することで、重複もなくせる
- 分岐（switchなど）をポリモーフィズムに置き換える：分岐の多くは、何らかのクラスの状態として表現できる。ポリモーフィズムにすること

で分岐を排除できる
- ●カプセル化を進める：属性が不適切なクラスに所属すると、不要なメソッドが必要になる。したがって属性を移動してカプセル化を進める
- ●クラスやメソッドの名前を見直す：「名は体を表す」ように、適切な名前にする

　ここに挙げたのは、ほんの一部に過ぎません。どうでしょう？ 特に目新しいことをするわけではないですよね。ただ、従来の開発方法では軽視されてきたオブジェクト指向設計の基本を徹底しているのです。開発が進むと、カプセル化や、クラスやメソッドの名前などを適切にすることは、綺麗ごとだと思われて蔑ろにされがちです。ただ、間違った名前の付いたクラスは、開発者に誤解を与えて思わぬバグを作り出すことになるかもしれません。経験のあるプログラマは、ソースコードを見るだけでそのソースコードの品質がわかります。やはり、汚いソースコードにはバグが多いものです。品質の高いソースコードは、整然として見通しの良いものです。リファクタリングは、ソースコードの見通しを良くするためのものでもあります。

　リファクタリングは、決して大がかりにシステムを再構築することを指すのではありません。非常に局所的にボトムアップで行う作業です。対象とするクラスがカプセル化も行われていなく、名前も不適切だったからといって、むやみにリファクタリングの深みにハマるのは賢明ではありません。まずは、名前だけを修正するといった小さな単位でのリファクタリングを始めてみてください。リファクタリングによって、他の開発すべき作業が止まってしまっては本末転倒です。

開発環境の構築

　開発環境を構築することは、外部設計や内部設計とは関係ありません。しかし、次の工程である実装を行うためには、適切な開発環境が整備されている必要があります。開発環境の整備には、技術的なノウハウも必要であることから、本書でも概要を説明します。

　開発環境は、外部設計と内部設計が終わり、実装を行うために必要なビルド環境、テスト環境、バージョン管理などを含めたものです。開発環境を構築する目的は、単に構築することだけではありません。開発プロジェクトで開発環境を共有することにあります。1人で開発するのであれば、特に開発環境を整備する必要はありません。複数の開発者で1つのシステムを開発するためには、開発する土台をあわせておかないと、出来上がるシステムがバラバラになってしまいます。

　開発環境の構築は、実装が始まる前に行う必要があります。開発環境を構築せずに実装が始まってしまうと、開発者ごとに違った方法で開発が進んでしまいます。また、経験の少ない開発者などは、ビルド環境を構築できずに開発に着手できなかったりします。よくあるのは、人によってビルドするライブラリのマイナーバージョンが違うケースや、ソースコードが共有されないために、いざ結合しようとするとインターフェイスが違うケースです。開発はチームプレーです。開発環境を構築することで情報を共有できます。ビルド環境を共通化し、誰でも同じ環境でビルドできるようにしてソースコードを共有することで、プログラム間で齟齬がないようにします。

　図4-18に示すように、基本的に開発環境には次のものが含まれます。

●バージョン管理システム
●ビルド環境

●テスト環境

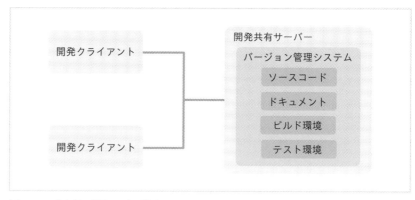

図4-18：基本的な開発環境の構成

バージョン管理システムは、開発プロジェクトで情報を共有するための最も重要なものです。有名なバージョン管理システムとしては、GitやSubversionがあります。バージョン管理システムはファイルサーバーとは異なり、更新の履歴を管理できるので、間違った操作のやり直しや、以前に削除したファイルが必要になっても取得することができます。バージョン管理システムは、実装工程から活用するよりも、開発プロジェクトの開始と同時に整備して設計書などを共有するとよいでしょう。

ビルド環境には、ソースコードを記述してそれをコンパイルするためのIDE（統合開発環境）や、コンパイルに必要なライブラリが含まれます。Javaであれば、EclipseやMavenやGradleが有名です。EclipseはGUIを備えたオープンソースのIDEで、無償で利用できます。Eclipseは、プラグインによる機能拡張が容易で、さまざまな機能をEclipseの中で利用できます。GitやSubversionといったバージョン管理システムとの連携や、JUnitなどの単体テストツール、JettyやTomcatのようなWebアプリケーションサーバーを内部で実行することもできます。

Mavenは、コマンドラインから使用するビルドツールです。コマンドを実行することで、ソースコードのビルドや単体テストやJARファイルの作成などができます。Mavenも、プラグインによる機能の拡張が可能です。

Mavenの特徴は、ビルドに必要なライブラリを指定するだけで、自動的にインターネットからダウンロードしてくれる点です。最近のJavaの開発では、多くのフレームワークやツールを使用するので、必要になるライブラリも非常に多岐にわたります。フレームワークやツールがさらに他のフレームワークやツールを使用することもあるので、数十個のJARファイルを用意する必要があります。それらを手動でダウンロードするのは非常に煩雑です。Mavenの機能を使えば、必要になるフレームワークやツールとバージョンを指定することで、指定したバージョンのJARファイルを自動的にダウンロードしてくれます。さらに、フレームワークやツールが依存するJARファイルも自動的にダウンロードできます。

　EclipseもMavenも、プラグインを追加して機能を拡張することができます。開発環境として整備するのであれば、プラグインを含めたかたちで提供しましょう。使用するプラグインが開発者で違うと問題になります。Eclipseであれば、プラグインをセットアップしたバイナリ全体を提供するのもよいでしょう。Mavenであれば、バイナリと設定ファイルを提供するとよいでしょう。

　テスト環境には、開発クライアントマシンで実行する単体テスト環境があります。単体テスト環境には、テストコードと単体テストの実行ツールが含まれます。単体テストは、JUnitなどのテストフレームワークを使って自動化するとよいでしょう。JUnitで記述したテストコードをバージョン管理システムに登録します。テストコードは、テスト対象のソースコードをバージョン管理システムに登録する時に一緒に登録します。そうすることで、バージョン管理システムに登録されているソースコードにはテストコードが付属するようになります。また、バージョン管理システムにテストコードを登録することで、テストコードを他の開発者も実行できるようになります。

　最近では、アジャイル開発に関連して継続的インテグレーションという開発方法が提唱されています。継続的インテグレーションは、バージョン管理システムに登録されている最新のソースコードを定期的にビルドして、さらに自動テストを実行することで、常にバージョン管理システムに登録されているソースコードの問題を発見するためのものです。テストに問題がなければサーバーに配置されます。サーバーに配置できれば、常に最新のプログラムが開発共有サーバーで実行されていることになります。アジャイル開発で

は、開発プロジェクトにおける問題の早期発見が必要であり、絶えず開発者間でのきめ細かいコミュニケーションが要求されます。継続的インテグレーションも、ソースコードを使った一種のコミュニケーションです。継続的インテグレーションを行うことで、常に細かくリリースを経験することができます。これにより、イテレーションの終わりにリリースする時に、大きな問題の発生を防ぐことができます。これは重要です。システムのリリースには、問題が付きものだからです。ただ、継続的インテグレーションを行うためには、開発プロジェクトでルールを決める必要があります。例えば、次のようなルールです。

●毎日、開発したソースコードをバージョン管理システムに登録する
●すべてをビルドし、自動テストを行う
●ビルドとテストの結果をメンバーに周知する

開発標準の策定

∎

　開発標準とは、文字どおり開発の各作業を行っていくために、開発プロジェクトチーム全員が守らなければならない規約や指針のことです。広い意味では、開発標準という言葉には、開発プロセスや作成するドキュメントの標準テンプレート、コーディング規約、命名規約、テスト標準方法などが含まれます。さらに、バージョン管理や開発環境などが含まれることもあります。まさに、開発工程全体の標準です。

　開発標準を作成して開発プロジェクトチーム全員に周知することで、開発作業を円滑に進めることができます。開発標準で、チームのメンバーとして最低限守らなければならない作業上の基本を決めて合意します。開発標準は、プロジェクトマネジャーが中心になって検討されるでしょう。ただし、プロジェクトマネジャーからのトップダウンになるのではなく、チームメンバーの意見を拾って開発プロジェクトチーム全員の総意とすべきです。実際に開発標準を使うのはチームメンバーですから、チームメンバーに不評な開発標準は定着せず、かえって開発効率や保守性を低下させます。

　ところで、開発標準は誰にとっての標準でしょうか？（**図4-19**）　それは、開発プロジェクトチームにとっての標準であることは言うまでもありません。さらに、開発が終わってから運用が始まり、機能の拡張などでメンテナンスが行われるとします。この時にメンテナンスを担当する人たちに対する標準でもあります。ただ、メンテナンスの担当者たちは、開発時にはわからないので、より一般的な開発標準に準拠することが望ましいのです。つまり、一般的な考え方と乖離した開発標準は良くないということです。

図4-19：開発標準のステークホルダー

　また、開発標準はユーザーとも十分に合意して検討すべきです。開発標準は開発の進め方を決めるだけでなく、最終的な成果物であるソースコードやドキュメントについても規定します。開発が終われば、ソースコードやドキュメントはユーザー企業が管理していくものです。開発プロジェクトチームの都合だけで決めるべきではありません。ドキュメントのテンプレートやコピーライト表記などは、ユーザーに決めてもらうとよいかもしれません。ただ、コーディング規約や命名規約などは、プログラミング言語ごとに標準が決まっているものもあるので、世の中で標準となっているものを採用することが望ましいでしょう。稀に、Javaのクラス名にA010とかMem0001のような名前を付けたものを見ることがあります。おそらくそのユーザー企業では、昔のメインフレームの時代からこのように命名していたのでしょう。理由は、「担当者はこのほうがわかりやすい」「短くて読みやすい」「名前がぶつからないので管理しやすい」などでしょう。Javaはオブジェクト指向言語であることも関係して、名前からそのクラスの意味がわかりやすいように、単語を省略しないで付けることになっています。おそらくその開発者も同じ説明をしたでしょうが、ユーザー企業側に押し切られたのでしょう。しかし、Javaのクラス名にA010のように付けることは、基本的にシステムの保守性を下げることになります。

　どのような開発標準が適切であるかは、どのような開発を行うかによっても異なります。開発プロセスに何を採用するのか、プログラミング言語は何か、開発者のスキルレベルは高いのか低いのかなどです。開発者のスキルレ

ベルは重要です。高いレベルのエンジニアが揃っているのであれば、開発標準は細かいところまで決める必要はなく、大きな方針を示すだけのほうがよいでしょう。高いレベルのエンジニアは細かいところまで規約を決められることを嫌がるかもしれません。逆に低いレベルのエンジニアが多いのであれば、開発標準は細かいところまで決めたほうがよいかもしれません。低いレベルのエンジニアは自分で判断することが難しいので、どのように開発するべきかを開発標準として決めてもらったほうが作業しやすくなります。特にオフショアを利用する場合は、非常に細かいレベルの開発標準が必要になるでしょう。開発標準に沿って作業をすれば悩まなくてもよいのが理想です（知的労働であるはずのシステム開発で、頭を使って悩まないというのもおかしな話ですが）。開発標準は、成果物をレビューする時にも役立ちます。

　開発プロセスやドキュメント、テスト、開発環境についてはこれまでに説明してきたので、ここでは設計と実装で必要になる「命名規約」と、実装で必要になる「コーディング規約」について説明しましょう。コーディング規約に命名規約が含まれることもあるでしょうが、本書での命名規約はコーディングに直接関係のないものも含むことにします。

　命名規約は、開発に登場するさまざまなものに名前を付けるための規約です。例えば、クラス名、メソッド名、変数名、定数名、パッケージ名、ファイル名、テーブル名、カラム名、画面名、スタイル名、各種ID、各種コードなどです。どのような命名規約にすべきかは、プログラミング言語やユーザーなどによっても変わってくるでしょう。プログラミング言語によっては、標準の命名規約が決まっているものもあります。プログラミング言語のドキュメントか、プログラミング言語の標準ライブラリなどが参考になるでしょう。命名規約は設計に必要です。よって、わかり切っているのであれば、設計の最初に検討します。そうでなければ、設計をしながら必要になったら検討して追加してもよいでしょう。

　コーディング規約は、実装においてソースコードをどのように記述すべきかを定義したものです。言うまでもありませんが、プログラミング言語には1つの処理を行うにも、いくつかの表記方法があります。まったく同じ処理でも、インデント（字下げ）の大きさが違うと見た目が大きく違います。コーディング規約を作成して順守することで、ソースコードの可読性が高まり、保守性も高まります。コーディング規約は、プログラミング言語に大き

249

く依存しています。多くのプログラミング言語には、標準的なコーディング規約があります。独自のコーディング規約を作成する前に、まずは使用するプログラミング言語のWebサイトや書籍で標準のコーディング規約がないか探してみるとよいでしょう。

第5章 アーキテクチャの目的

以前から、エンジニアのキャリアとしてアーキテクトが注目されています。アーキテクトは開発プロジェクトの中で高度な設計技術を駆使し、開発プロジェクトを成功に導きます。では、アーキテクトは開発プロジェクトの救世主なのでしょうか？ 従来の設計者やプログラマとは何が違うのでしょうか？ アーキテクトとは、アーキテクチャを設計する人です。本章ではまず、そのアーキテクトが設計するアーキテクチャとは一体何なのかを考察したうえで、アーキテクチャを設計する目的を説明します。

アーキテクチャとは

　アーキテクチャとは、もともとは建築における建物の構造のことです。コンピュータの世界では、主にハードウェアやOSの分野で使われてきました。そして、以前からソフトウェアでもアーキテクチャが注目されています。特にアプリケーション開発におけるアーキテクチャの必要性が認識されつつあります。アーキテクチャという言葉は、さまざまな分野で使われますが、本書におけるアーキテクチャは、ソフトウェアアーキテクチャおよびアプリケーションアーキテクチャを指します。

　ソフトウェアアーキテクチャの定義として、「ISO/IEC42010 ANSI/IEEE 1471-2000 Systems and software engineering－－Recommended practice for architectural description of software-intensive systems」がよく引用されます。この中で、ソフトウェアアーキテクチャは次のように定義されています注5-1。

注5-1：改訂された42010:2011では、「the fundamental elements are physical or structural components of the system and their relationships.」と表現されています。

> The fundamental organization of a system embodied in its components, their relationships to each other, and to the environment, and the principles guiding its design and evolution.

日本語では次のような意味になります。

> システムのコンポーネント、コンポーネント同士と環境との間の関係、およびその設計と進化を支配する原理に体現された、システムの基本的な構造

　わかったようでわからないような定義ですね。少し整理して読み解いてみましょう。

　ISO/IEC42010では、アーキテクチャは「システムの基本的な構造」であるとしています。アーキテクチャが構造であるというのは、他の定義や辞書的な意味からしても無理はなさそうです。次に、「コンポーネント、コンポーネント同士と環境の間の関係」とあります。コンポーネントとは何でしょうか？ これは、「システムの基本構造を構成する構成要素」くらいの意味です。つまり、システム内部でコンポーネントがどのように連携し合い、ユーザーや外部システムといったシステムの外部とどのように連携するか、ということです。コンポーネントという語感も重要です。無秩序に設計されたクラスなどではなく、あるまとまった機能を再利用できるように汎用的に設計したもの、というニュアンスがあります。そして、定義にある「設計と進化を支配する原理」とは、設計のコンセプトを指します。

　簡単に言ってしまうと、アーキテクチャとは、「コンポーネントが連携するための設計コンセプトに沿ったシステムの基本構造」であるといえます。このアーキテクチャの定義は、アーキテクチャの本質を押さえているように思います。さらに、アーキテクチャについて考えていくためには、コンポーネントとは具体的にどのようなもので、どのように連携させて、それを設計コンセプトとしてどのように構成するのかを考えていかなければなりません。マイクロサービスは、マイクロサービスというコンポーネントを定義して、マイクロサービス間が連携するためのアーキテクチャです。

　次に、アーキテクチャの目的は何でしょう？ アーキテクチャを設計する

253

ことで、一体どのような効果があるのでしょうか？ 現在ではアーキテクチャを設計することの効果は、非常に多岐にわたることがわかっています。

アーキテクチャを設計することの効果は、次のとおりです。

①保守性の向上
②合目的性の向上
③見積りへの応用
④技術リスクの局所化
⑤ソースコード自動生成への応用
⑥フレームワークへの応用

この中で最も重要なものは、「①保守性の向上」と「②合目的性の向上」です。他の4つは副次的な効果です。

保守性の向上

アーキテクチャを設計する効果の1つ目は、最も重要な「保守性の向上」です。

保守性とは何でしょうか？ ソフトウェアの品質の規格である「ISO/IEC 9126 品質特性モデル」注5-2 では、保守性を次のように定義しています。

> 修正のしやすさに関するソフトウェア製品の能力（ソフトウェアにある欠陥の診断または故障原因の追究、およびソフトウェアの修正箇所を識別するためのソフトウェア製品の能力）

注5-2：SQuaRE（Software product Quality Requirements and Evaluation）により「ISO/IEC 25000:2005」に統合されています。

保守性とは、ソフトウェアの修正のしやすさを意味します。保守性を阻害する要因は、ソフトウェアの複雑さです。一般にソフトウェアの複雑さは、システムの規模に対して線形比例以上に大きくなるといわれています。アーキテクチャを設計することで、システムの複雑さを一定のレベルに抑えることができます（**図5-1**）。それにより、ソフトウェアの保守性を高められると考えられます。

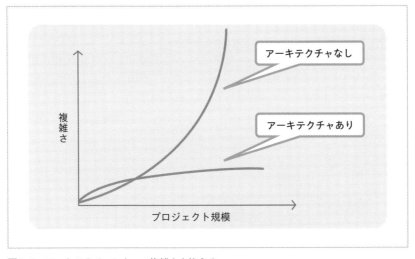

図5-1：アーキテクチャによって複雑さを抑える

　アーキテクチャを整備することで、大きなシステムを小さい単位で開発できるようになります。アーキテクチャがないと、ソフトウェアの複雑さが増すことで、「設計が難しい→実装が難しい→テストが難しい→バグの修正が難しい」といった負の循環に陥ってしまいます。結果的にプロジェクト全体が失敗します。

　では、ソフトウェアの複雑さとは何でしょうか？　他の機械や建築などの工学と比較して、ソフトウェアは複雑であるという話も聞きます。ソフトウェアの複雑さには、ソフトウェアの本質的な特性に関する先天的なものと、設計方法やプログラミング方法による後天的なものがあります。

　ソフトウェアの先天的な特性としては、「自由度が高い（柔軟性）」ことが挙げられます。柔軟だからソフトウェアなのですが、最大の強みが同時に弱

点でもあるのです。この他の特性として「目で直接見えない（不可視性）」ことがあります。これもソフトウェアを複雑にする要因です。以前から、ソフトウェアの「見える化」という活動が盛んに行われています。

　一方、ソフトウェアの後天的な特性としては、「コードの重複」「長いコード」「役割が複数あるクラス」といった、システムの設計段階や実装段階の問題に起因するものがあります。リファクタリングについてはすでに説明しました。マーチン・ファウラー氏が提唱する手法であり、ソフトウェアの理解や修正を簡単にするために設計や実装を再構成することです。ソフトウェアの振る舞いを変えずに、内部設計や実装だけを修正します。ソフトウェアの後天的な特性の多くは、リファクタリングで改善するソフトウェアの問題と同じです。リファクタリングは、アーキテクトになるための重要な素養の1つです。

　アーキテクチャを設計することで、ソフトウェアの複雑さを抑え、保守性を向上させることができます。

合目的性の向上

●

　アーキテクチャを設計することで得られる2つ目の効果は、「合目的性の向上」です。

　合目的性とは何でしょうか？ 前述の「ISO/IEC9126 品質特性モデル」では、品質特性である機能性の副特性として、合目的性を**表5-1**のように定義しています。

表5-1：合目的性の定義

品質特性	定義
機能性 (functionality)	指定の条件下でソフトウェアを使用した時、明示的および黙示的ニーズを満たす機能を果たすソフトウェア製品の能力
合目的性 (suitability)	指定のタスクおよびユーザー目標に適切な一群の機能をもたらすソフトウェア製品の能力

　合目的性とは、ソフトウェアが機能要件を実現しているかということです。ユースケースなどで記述された機能要件を、ソフトウェアで漏れなく正しく実装したかどうかです。当然ながら、実装されていない機能があれば、ユーザーの満足どころか、まず利用に耐えられないでしょう。

　「機能が実装されないなんてことが本当にあるのか？」と思うかもしれませんが、大きなシステムを構築するプロジェクトでは起こり得る問題です。特に、従来のようなウォーターフォール型の開発プロジェクトでは、機能仕様書などといった曖昧なフォーマットのドキュメントで記述していたので、十分に起こり得る問題だったのです。

　そうであれば、「ドキュメントのフォーマットを改善すればいいのでは？」と思うかもしれません。確かに、UMLなどの定義の明確なフォーマットで記述すれば、以前ほどこの問題は起きません。ただ、それだけでは不十分です。

　本書の「設計編」で述べた内容とも関係しますが、設計の目的は「要件定義の内容をシステムでどのように実現するかを検討する」ことです。ユースケースなどで記述された外部仕様を、漏れなく正しくプログラムに実装するためには、インプットである要件と、アウトプットであるプログラムが明確に定義され、マッピングされることが重要です。このように、あるユースケースで定義された機能要件が、どのクラスで実現されているかを確認できることをトレーサビリティと呼びます。トレーサビリティを実現するには、要件定義や設計のドキュメントが明確に定義されていることと、システムを構成するプログラムの基本構成が明確に定義されている必要があります（**図5-2**）。

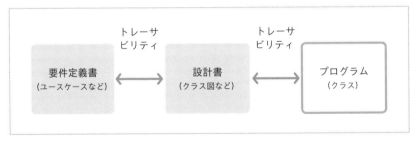

図5-2：トレーサビリティの確保

アーキテクチャは、合目的性を高めるために、要件定義をプログラムでどのように実現するかという基本構造を定義します。

見積りへの応用

3つ目の効果は、「見積りへの応用」です。

開発プロジェクトが失敗する重大な理由の1つが、当初の「見積りの甘さ」にあります。見積りとは、開発プロジェクトを行うにあたって、要件定義の成果物をもとに、「何（要件）を、どの程度の期間と人員で開発するか」をプロジェクト開始前に計算することです。これにより、開発以降の人員の割り当てやスケジュールなどの計画を作成します。見積りが甘いと、開発計画全体が不正確なものになります。しかし、まだ設計もしていないシステムの開発規模を見積るのは難しいことです。

見積りが甘い原因にはさまざまなものがあるでしょう。例えば、次のような原因があります。

- ●要件定義の不足
- ●開発知識の不足
- ●開発実績の不足
- ●プロジェクトマネージャーの経験不足
- ●顧客からの圧力
- ●受注側の経営的な判断

「プロジェクトマネージャーの経験不足」「顧客からの圧力」「受注側の経営的な判断」は、エンジニアとしては如何ともしがたい非常に残念な理由です。

多くの開発プロジェクトでは、要件定義を行って何をシステムで実現するのかが明確になってから、プロジェクトの工数や期間を見積ります。「要件定義の不足」とは、要件定義の内容に網羅性がなかったり、不正確だったり、詳細化が足りなかったりすることです。システムとして何（要件）を実

現するのかが曖昧では、見積りが正確になるはずがありません。すでに設計と見積りについて説明しましたが、FPのトランザクションファンクションの基本構造が決まっていれば、見積りに活かすことができます。

残りは、「開発知識の不足」と「開発実績の不足」です。何（要件）を作るのかが明確になっても、どうやって作るのか（開発の仕方）がわかっていなかったり、実績がなかったりすると、見積りはできません。開発するシステムの基本構造と構成要素の1つ当たりの単位工数がわかれば、要件定義から規模を分析し、システムの構成要素の単位工数と規模を掛け合わせることで、システム全体の工数を概算で計算できます。隣の部署で同じようなシステムの基本構造を持つ開発を行ったことがあれば、システムの構成要素の単位工数の参考にできます。隣に開発実績がある部署がなければ、1つだけシステムの構成要素の開発をやってみることで、実測値の工数を調べることができます。言うまでもなく、このシステムの構成要素を定義するのがアーキテクチャです。

アーキテクチャは、ソフトウェアの基本構造を定義することで、開発工数の見積りに応用することができます。

技術リスクの局所化

4つ目の効果は、「技術リスクの局所化」です。

開発を進めていると、実装してから技術的な問題が発生することがあります。場合によっては、テストをやってみないとわからないこともあります。例えば、外部システムと接続できなかったり、一部の処理で十分なパフォーマンスが出なかったりします。このように、実際に開発してみなければわからない技術的な問題が発生するリスクを技術リスクと呼びます。

当然ながら、事前の設計で技術リスクを発見し、事前に技術リスクを回避するための設計が行えるのが理想です。ただし、経験のない技術を使ったり、プロトタイプを開発する時間がなかったりする状況では、必ずしも事前にすべての技術リスクを解消することは現実的ではありません。

オブジェクト指向設計を使って処理の共通化を十分に行うことで、技術リ

スクが発生した場合に、処理を1箇所修正するだけで、技術リスクを解消するために必要な対処を行うことができます。ただし、個々の機能単位でオブジェクト指向設計を行うのは技術的な難易度が高く、設計のための時間もかかるので現実的ではありません。

技術リスクの局所化は、保守性の向上とも関連します。

アーキテクチャは、システム全体でオブジェクト指向設計を行うことで、技術リスクを未然に局所化します。

ソースコード自動生成への応用

5つ目の効果は、「ソースコード自動生成への応用」です。

プロジェクトにおいて開発効率を向上させるには、ソースコードを素早く書けるようにするか、ソースコードの記述量を減らすのかのどちらかです。ソースコードを素早く書くには、個人的なタイピングの努力やプログラミング言語の選択、エディタやIDEなどの開発環境をより効率の良いものにする必要があります。ただ、プロジェクトで使用するプログラミング言語が決まっていたり、個人的な努力にも限界があったりして、効果は限定されます。よって、開発効率を向上させるには、ソースコードの記述量を減らすことが効果的です。ソースコードの記述量が減ればバグの心配もなく、テストをする必要もありません。そのためには、ソースコードを共通化するか、もしくはソースコードを自動生成するかです。ソースコードの共通化は、「保守性の向上」で触れたように、アーキテクチャによる効果の1つです。さらに、ソースコードの自動生成もアーキテクチャの効果の1つです（**図5-3**）。

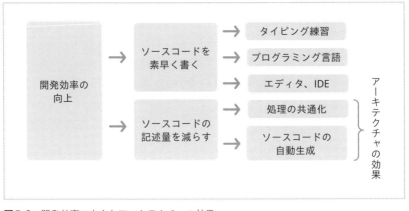

図5-3：開発効率の向上とアーキテクチャの効果

　ソースコードを効果的に自動生成するには、生成されるソースコードが正しく設計されている必要があります。「自動生成されるソースコードがどのような設計かなんて関係ないのでは？」と思うかもしれません。確かにプロジェクトの状況や自動生成ツールが、次の条件を満たしていれば問題ありません。

- ●自動生成したソースコードの品質を顧客が了承している
- ●自動生成ツールで生成されるソースコードを簡単にカスタマイズできる
- ●自動生成したソースコードを手動で修正することが将来にわたってない
- ●自動生成ツール自体のメンテナンスが将来にわたって行える
- ●自動生成ツールを将来にわたって使い続ける

　このような条件を満たしているプロジェクトや自動生成ツールは、数少ないと思います。とすれば、自動生成ツールで生成されるソースコードにも、アーキテクチャが必要ということになります。これは、アーキテクチャの寿命のほうが、自動生成ツールの寿命よりも長いという前提に立っています。

　20数年前、MDA（Model Driven Architecture）がOMGによって策定され、MDAの考え方を部分的に実現した自動生成ツールなども登場しています。いずれはモデリングツールで設計し、いくつかのパラメーターを設定するだけでプログラムの大半が生成されるようになる可能性もあります。

自動生成されるソースコードにおいても、アーキテクチャは重要です。

フレームワークへの応用

最後となる6つ目の効果は、「フレームワークへの応用」です。

フレームワークとは何でしょうか？ アーキテクチャとフレームワークの違いは何でしょうか？ アーキテクチャと同じように、フレームワークという言葉も以前からよく使われます。これは、もともとの言葉の意味は「枠組み」です。フレームワークもさまざまな分野で使われますが、コンピュータの分野ではソフトウェアフレームワークやアプリケーションフレームワークなどと呼ばれます。大別すると、次の2つの意味で使われるようです。

①クラスやライブラリ
②ソフトウェアの基本構造に沿って開発するためのクラスの集合

「①クラスやライブラリ」は、再利用できる汎用クラスの集合であり、文字どおりライブラリと呼ばれるものと同じように思えます。ただ、従来のものよりもはるかに高度な機能を持っていることが多いようです。

「②ソフトウェアの基本構造に沿って開発するためのクラスやライブラリの集合」こそが、まさにフレームワークと言うべきものです。本書におけるフレームワークも、これを指します。「ソフトウェアの基本構造に沿って」とあるように、フレームワークはアーキテクチャを含んだもの、もしくはフレームワークはアーキテクチャの一部を実装したものです。

フレームワークは次の特徴を持ちます。

●半完成品
●アーキテクチャの実装
●制御の反転

最後に挙げた「制御の反転（IoC：Inversion of Control）」が、単なるク

ラスライブラリとフレームワークとの決定的な違いです。

例えば、何らかのソフトウェアを開発していたとします。通常、クラスライブラリは開発しているソフトウェアから呼び出されます（**図5-4**）。

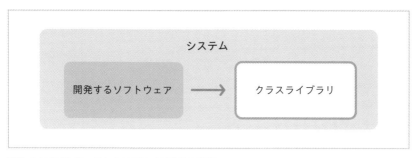

図5-4：ソフトウェアとクラスライブラリの関係

その一方、フレームワークは開発しているソフトウェアを呼び出します（**図5-5**）。これが制御の反転です。フレームワークはアーキテクチャを備えているので、どのようなクラスを実装するのか、そのクラスがどのように実行されるのかは、フレームワークによって制御されます。開発者はフレームワークに従って、必要なクラスを開発するだけです。よって、多くのフレームワークでは、開発したクラスを配置するためのデプロイメントと呼ばれる作業が必要です。

図5-5：ソフトウェアとフレームワークの関係

この制御の反転は、「我々を呼ぶな。我々が呼ぶ」というハリウッドの原則としても知られています。

　以前から、オープンソースソフトウェアとして多くのフレームワークが公開されています。

- ●Struts
- ●Spring Framework
- ●S2

　これらのフレームワークを学ぶことは、アーキテクチャについて非常に多くの示唆を与えてくれます。クラスの役割の分担や、制御の反転の実現方法などです。残念ながら、一部のフレームワークは非常に巨大化してしまっていますが、中にはコアとなる考え方が含まれた部分もあるので、ドキュメントだけでなくソースコードを読んでみるとよいでしょう。

　いずれの意味でも、フレームワークは完成したシステムではなく、部分的な実装を含んだ半完成品です。

　以上がアーキテクチャの目的です。難しいと思われたでしょうか？　自分にはまだ無理だと思われたでしょうか？　それとも、当たり前のことだと思われたでしょうか？

　アーキテクチャの考え方は、基本的な設計の考え方と大きな違いはありません。局所的に行っていた設計手法を、システム全体の基本構造と呼べるまでに共通化し、標準化したものです。あまり難しく考える必要はありません。次章では、基本的な設計手法を使った具体的なアーキテクチャ設計のアプローチを紹介します。

第6章 アーキテクチャ設計のアプローチ

本章では、アーキテクチャ設計のアプローチを説明します。アーキテクチャを設計することの目的やメリットは前章で紹介したとおりです。では、それを具体的にどうやって実現すればよいのでしょうか。アーキテクチャ設計で基本となるのは、サブシステム分割やレイヤー、処理の共通化、DI（依存性の注入）などです。これらについて、ポイントを絞って説明していきます。

業務アプリケーションの洞察

前章で説明したように、アーキテクチャの定義は次のとおりです。

> システムのコンポーネント、コンポーネント同士と環境との間の関係、およびその設計と進化を支配する原理に体現されたシステムの基本的な構造。

　アーキテクチャを設計するためには、開発しようとするシステムの基本的な構造がどのようなものになるのかを検討します。言うまでもなく、システム開発会社が開発するのは、ユーザー企業の業務を支援するシステムです。これを業務アプリケーションと呼ぶこともあります。最近では、業務アプリケーションもWebアプリケーションとして開発することが多くなっています。業務アプリケーションとは何か、Webアプリケーションとはどのようなものかという洞察が、アーキテクチャの発展の原点だといえます。

　業務アプリケーションとは、何らかの産業に携わる企業の業務を支援するシステムです。流通業の業務アプリケーションは、受発注、出荷指示、在庫管理、決済管理、商品管理などの機能を提供するでしょう。製造業の業務アプリケーションは、生産計画、調達・材料管理、仕掛品・完成品管理などの

機能を提供するでしょう。さらに、各業界でも企業ごとに在庫管理や生産計画などのやり方は異なるはずです。その意味では、業務アプリケーションには同じものはなさそうに思えます。しかし、そうでもありません。すべての機能が開発済みであるパッケージソフトを導入している企業も少なくありません。パッケージソフトを導入している企業では、パッケージソフトをそのまま使うこともあるでしょうが、業務に適合できない機能をカスタマイズして使うこともたくさんあります。実際に多くの企業では ERP パッケージを導入しています。

　業務アプリケーションの共通する部分には、どのようなものがあるでしょうか。機能的に似ている部分と、基本構造が似ている部分があるはずです。機能的に似ている部分とは、受発注のデータ項目や処理が似ているということです。全銀フォーマットや EDI を使っていれば共通する可能性は高いでしょう。基本構造が似ている部分とは、システムの利用者が画面から入力したり、指示した内容をシステムが受け取り、システムが入力チェックを行い、次に何らかの変換や加工を行ってデータベースやバックエンドのシステムに送信したりすることです。最終的には処理結果を返します（**図6-1**）。

受信　　加工　　保存　　応答

図6-1：システムの基本構造

　ほとんどのシステムが、図6-1に示した4つのステップで処理を行うとします。ここまで抽象的に表現すれば同じになるのが当たり前かもしれませんが、このような抽象化や一般化がアーキテクチャの発展に非常に重要なのです。難しそうな内容も単純な概念から分類して、少しずつ詳細な概念に分類していくことで、物事の本質に到達することができるのです。

　受信では、何らかのプロトコル形式で送られたデータや、画面から入力されたデータを解析して入力チェック（入力値の妥当性チェック）を行います。プロトコルが決まっていれば、受信処理を標準化することは難しくありません。多くのミドルウェアが同等の機能を提供しています。Web/HTTP

であればTomcatのようなWebアプリケーションサーバーが行ってくれます。入力チェックは業務アプリケーションごとに違うでしょうが、チェック処理のタイミングやチェック結果の応答方法などは共通化できるでしょう。

　加工では、受信したデータを計算したり変換したりしてシステムに保存する形式にします。在庫管理であれば、在庫を引き当てて減算する処理を行います。いわゆるビジネスルールを記述します。

　保存では、加工されたデータをデータベースや外部のシステムに保存します。

　応答では、処理結果をシステムの利用者に返します。

　この4つのパターンの処理をどのように実現するかというテーマだけで、アーキテクトはいろいろ考えるわけです。例えば次のようなことを考えます。

- ●受信のプロトコルを変更可能にする
- ●同時に複数のプロトコルに対応する
- ●加工でトランザクションに対応する
- ●データの構造をカプセル化する
- ●データベース製品を変更可能にする

　他にもデータ間の関連をどうするかとか、加工処理の共通化など、考えることは多岐にわたります。

　仮にアーキテクチャがなければ、これらの課題はどのようになるでしょうか？　これらの変更がまったく行えない保守性の低いシステムになるか、個々の機能で頑張って対応することになります。個々の機能で頑張って対応するのは、現実的には難しいでしょう。仮に頑張れたとしても、対応方法が違うことになるので、実際には保守性が低いシステムになるだけです。

　このような問題は、プロジェクトのかなり初期に予測できるはずです。Webアプリケーションなのか、クライアント／サーバーなのか、データベースを使うのか、バックエンドの基幹システムを使うのかは、プロジェクト初期にわかっていることが多いものです。仮にわかっていなくても、処理を抽象化することで、データベースとバックエンドの基幹システムを透過的に扱うことは可能です。アーキテクチャの設計は、このような問題に対してシステム全体としてどのように解決するかをあらかじめ洞察することから始まります。

オブジェクト指向設計

「設計編」で説明したオブジェクト指向設計ですが、この「アーキテクチャ編」にも登場します。

アーキテクチャ設計のポイントは、「処理の共通化」「インターフェイスと実装の分離」「ブラックボックス」です。気付いた方もいるかもしれませんが、これらはオブジェクト指向設計のポイントと同じです。アーキテクチャ設計では、オブジェクト指向設計の技法を使います。

処理の共通化は、クラスの部品化やクラスの継承で実現されます。コードの部品化はオブジェクト指向でなくても普通に行いますね。このような部品クラスをユーティリティクラスと呼んだりします。処理の共通化とは、同じ処理は重複して記述しないということです。詳しくは、DRY（Don't Repeat Yourself）として後で説明します。

インターフェイスと実装の分離は、オブジェクト指向の真髄だと思います。ポリモーフィズムを使って実装の切り替えを行うには、インターフェイスという考え方は非常に重要です。インターフェイスとは、クラスにとっての外部仕様です。他のクラスから呼び出す時は、その外部仕様であるインターフェイスだけを知っていればメソッドを呼び出せます。デザインパターン（GoF）で紹介されているパターンの多くは、このインターフェイスと実装の分離を理解していないと、本当の意味はわからないかもしれません。アーキテクチャレベルで見た場合も、インターフェイスは重要です。インターフェイスは、その役割（責務）を表現しています。アーキテクチャとして外部に公開するインターフェイスは何か、後で説明するサブシステムやレイヤーのインターフェイスは何か、ユーティリティクラスのインターフェイスは何かなど、これらも後述する依存関係を整理するために重要です。

最後のブラックボックスは、クラス間の依存関係を整理する手法です。クラ

ス間の依存関係を整理することが、それぞれのクラスの保守性を高めます。依存関係の整理とはカプセル化であり、依存関係の循環をなくすことです。オブジェクト指向を理解している人ならご存じでしょうが、カプセル化とはオブジェクトの内部状態をクラス内部に留めることです。内部状態に依存するのはあるクラスの範囲内だけになるので、ポリモーフィズムを実現できます。依存関係の循環とは、あるクラスの呼び出し関係が呼び出し元と呼び出し先で循環することです。その循環を避けることにより、あるクラスを変更した時の影響範囲をシンプルにできます。同じことがアーキテクチャレベルでもいえます。後で説明するレイヤーは、この依存関係を整理するための手法です。

　結局のところ、インターフェイスと実装の分離も依存関係を整理するための手法です。依存関係をシンプルでわかりやすくすることがシステムの保守性を高めることになり、それがオブジェクト指向設計やアーキテクチャ設計の真髄というわけです。

デザインパターン

　書籍『オブジェクト指向による再利用のためのデザインパターン』（ISBN：9784797311129）は、エリック・ガンマ、ラルフ・ジョンソン、リチャード・ヘルム、ジョン・ブリシディースの4氏によって書かれました。この本で紹介されたデザインパターンは、よく使われるであろう設計のベストプラクティスをパターンとしてまとめたものです。著者の4人はGoF（The Gang of Four：4人組）とも呼ばれるため、この本のパターンは「GoFのデザインパターン」と呼ばれます。

　この本には、オブジェクト指向を使った23種類の設計パターンが掲載されています。それらは、生成に関するパターン、構造に関するパターン、振る舞いに関するパターンに大別できます。書籍が書かれた時代背景もあるのでしょうが、GUIアプリケーションを構築するためのパターンが多く含まれます。しかし、その多くはWebアプリケーションを開発するうえでも応用可能なものです。具体的には、TemplateMethodパターン、Commandパターン、Strategyパターンなどです。また、DI（依存性の注入）の考え方に通じるAbstractFactoryパターンなども紹介されています。まさに、オブジェクト指向設計のバイブルです。

サブシステム分割

　オブジェクト指向とは無関係ですが、基本的でありながら重要なシステムの依存関係整理の方法は、サブシステム分割です。何のためにサブシステム分割を行うかというと、すでに触れたように、システムは規模に応じて複雑さを増します。人間が見通せる範囲には限界があるということもいえます。ユースケースやデータベースのテーブルが1000を超えたら、多くの人はシステムの外部仕様がどのようになっているのかを頭の中で理解することはできないでしょう。システムの全体を押さえている人がいなければ、ある機能の仕様が他の機能にどのように影響するかがわからなくなります。それでは、システムが正しく動作するか判断できません。

　つまり、システムの複雑さを抑えるためには、システムの規模をある程度の大きさに抑える必要があります。とはいえ、システムの規模は要件定義で決まることなので、開発者の都合で小さくすることはできません。そのため、要件自体をある程度の大きさで、いくつかに分割すれば、1つ1つは小さくなります。大きいものを1つ作るより、小さいものをたくさん作るほうが人間にはやりやすいのです。

　サブシステムをどの単位に分割するのかは難しい問題ですが、業務アプリケーションであれば、ビジネスユースケースのような、まとまった業務単位に分割するのが一般的なようです。サブシステム分割は機能的な分割ですので、垂直方向の依存関係の整理です。

　ECサイトに**図6-2**のような機能があった場合に、それらをサブシステムとして分割することができます。

図6-2：ECサイトのサブシステム分割

　せっかくサブシステム分割をしても、サブシステム間が密接に結合していては意味がありません。サブシステム間で疎結合になるためには、次の2点に注意する必要があります。

●コードの密接な結合
●データベースの密接な結合

　例えば、ECサイトの受注サブシステムでは、決済サブシステムや配送サブシステム、さらに在庫引当サブシステムと連携しないと受注処理ができないとします。その場合、受注サブシステムのクラスは、どのように決済サブシステムの機能を利用するのでしょうか？決済サブシステムは、おそらく外部のクレジットカード決済会社などのシステムにネットワークから同期接続して、与信や決済を行っているでしょう。とすれば、決済サブシステムは決済用のクラスをAPIとして提供していることになります。受注サブシステムからは、普通に考えればクラスを直接呼び出すでしょう。

　クラスを直接呼び出すこと自体に問題はないのですが、サブシステム間の依存が循環しないようにしなければなりません。つまり、受注サブシステムは決済サブシステムに依存するのであれば、決済サブシステムが直接か間接かを問わず、受注サブシステムに依存しないようにする必要があります（**図6-3**）。例えば、決済サブシステムに受注サブシステムの「買い物かご」オブジェクトを渡すのはNGということです。

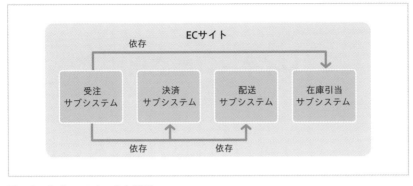

図6-3：サブシステムの依存関係

　データベースの密接な結合では、例えば受注サブシステムが商品を表示したり、買い物かごに商品を入れる時に、その商品の在庫状況を引き当てたりする必要があるとします。そして、在庫情報は在庫引当サブシステムで管理しますが、商品一覧では50件ごとにページングするので、パフォーマンスを考慮して商品情報と在庫状況をJOINして表示したいとします。すると、受注サブシステムは在庫引当サブシステムのクラスを呼び出すことはしていませんが、SQLレベルで結合することになります。SQLレベルでの結合は、クラスを呼び出すよりもハード（硬直的）な結合の仕方です。クラスの呼び出しであれば、コンパイルなどで検知することもできますが、SQLではgrepでもしない限りわかりません。仮に在庫状況テーブルが変更されていたとしても、SQLを実行しないとわからないのです。パフォーマンスとシステムの保守性のトレードオフですが、多くの場合はパフォーマンスを優先することになりそうです。その意味では、SQLについても単体テストを作成するとよいでしょう。単体テストを実行することで、SQLの問題を発見することができます。

レイヤー（直交化）

次に、レイヤーの概念についてポイントを説明します。

システムの直交性

システムの直交性とは、書籍『新装版 達人プログラマー 職人から名匠への道』（アンドリュー・ハント、デビッド・トーマス著、ISBN：97842742 19337）の中で述べられている考え方で、簡単に設計・製造・テスト・拡張できるシステムを構築するための概念です。

直交性という言葉は幾何学の分野のものですが、2つのベクトルが直交（つまり、直角に交わる）している場合は、片方のベクトルを変更（足し算とか）しても、もう一方のベクトルには影響を与えません。

同じように、システムのある機能においても、データベースの変更がネットワーク用のユーティリティに影響を与えないように「直交」した設計にすべきです。直交性はシステムの独立性や分離性を保つための方法です。

レイヤーは、直交性のあるシステムを構築するために非常に有効な手法です。

レイヤーアーキテクチャ

レイヤーは、アーキテクチャ設計の基本的な手法です。

先ほど、業務アプリケーションの処理が**図6-4**の4種類に分類できると説明しました。

図6-4：業務アプリケーションの処理の分類

　これら4つの処理の依存関係を整理して、それぞれの処理の保守性を高めるにはどのような方法があるでしょうか？ そのためには、それぞれの処理の間にインターフェイスを定義して、呼び出し順序を付けることで依存関係を整理できます（**図6-5**）。

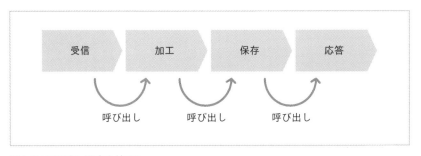

図6-5：呼び出し順序を付ける

　それぞれの処理をクラスにすれば、パイプラインアーキテクチャになります。デザインパターンでいうChain Of Responsibilityです。処理を変更するには、パイプラインの設定を変更して呼び出す処理の実装を切り替えることになります。この方法でも大きな問題はありません。実際に、このアプローチのアーキテクチャもあります。

　もう1つのアプローチを考えてみましょう。ヒントは、受信と応答は同じような実装になることが多いという着眼です。Web/HTTPプロトコルで通信する場合を考えると、受信の処理も応答の処理もHTTPを扱うことになります。仮に他のプロトコルに実装を切り替える場合でも、受信と応答をあわ

せて切り替えたいと思うでしょう。

図6-6のように、処理を文字どおり階層的に配置してレイヤーを構成してみましょう。各階層がレイヤーです。ここでは3層のレイヤーが構成されています。レイヤーAの受信処理からレイヤーBの加工処理を呼び出しています。次に、レイヤーBの加工からレイヤーCの保存処理を呼び出しています。レイヤーCの保存処理からレイヤーAへの応答処理は、「呼び出し」ではなく「戻り」とあります。レイヤーの考え方はスタックの呼び出しと同じです。スタックと聞いてすぐにおわかりでしょうか？ Javaなどの言語でメソッドを呼び出す時には、メソッドからメソッドへの呼び出しは階層的に行われ、呼び出し先のメソッドが終了すると呼び出し元のメソッドの処理が継続されます。Javaの例外処理でスタックトレースを表示しますが、スタックトレースはこのメソッドの呼び出しの階層と実行中の行番号を表示します。レイヤーの考え方も同じように、処理のスタックを重ねて最下層のレイヤーを処理すると、上のレイヤーに順番に処理を返していきます。

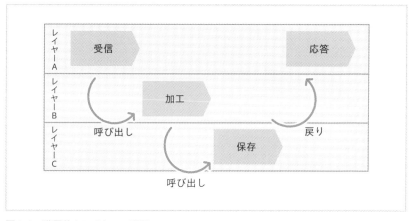

図6-6：階層的なレイヤーの配置

レイヤーアーキテクチャによって、行き（呼び出し）と帰り（応答）の処理を共通化することができ、上位レイヤーから下位レイヤーを呼び出すというルールがわかっていれば、直観的にレイヤー間の依存関係を整理できます（**図6-7**）。

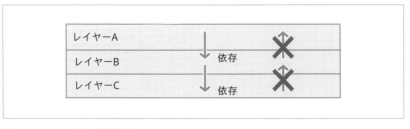

図6-7：レイヤー間の依存関係

　レイヤーにすることで、上位レイヤーは直接の下位レイヤーだけを知れば
よいことになります。例えば、レイヤーAに所属するクラスは、レイヤーB
に所属するクラスしか知りませんし、利用しません。レイヤーAに所属する
クラスが、レイヤーCのクラスを直接利用することは禁止されます。つま
り、レイヤーCはレイヤーBによって隠ぺいされているのです。隠ぺいする
ことをブラックボックスとも呼びます。これにより、レイヤーCが変更され
てもレイヤーAには影響が及ばず、レイヤーBだけで変更の影響を吸収でき
ます。

　「自由にクラスを呼び出せたほうが便利じゃないか？」と考える方もい
らっしゃるかもしれません。しかし、**図6-8**の上図のようにブラックボック
スを進めたほうがクラス間に依存関係が減り、システムの構造としての複雑
さが軽減します。まだ納得しない方もいるかもしれませんが（強情ですね）、
仮にこのシステムのクラスの数が数千になって、それらが複雑に依存し合っ
ている状況を想像してみてください。とてもじゃないですが、保守性がある
とはいえませんね。

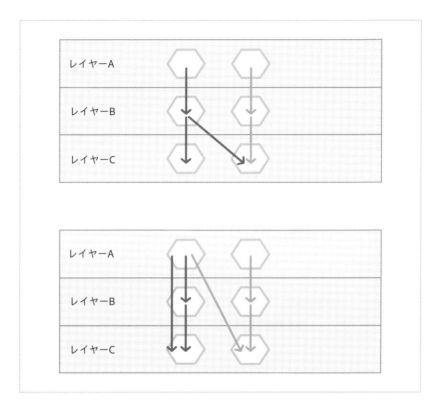

図6-8：ブラックボックスによる依存関係の低減

　レイヤーアーキテクチャは、ネットワークプロトコルの説明で有名なOSI参照モデルでも使われています。皆さんも**図6-9**の参照モデルを一度はご覧になったことがあるでしょう。

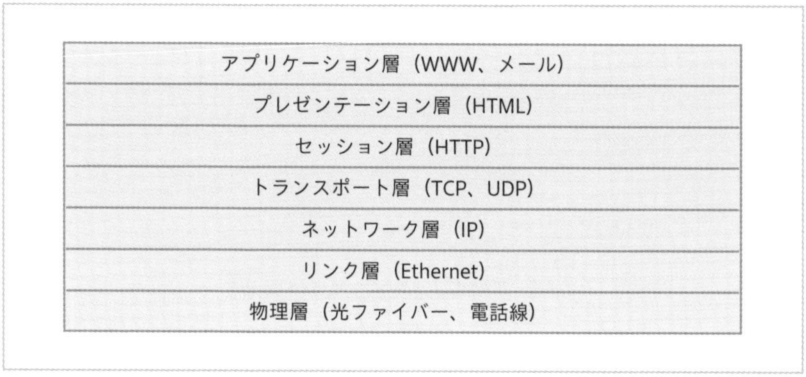

| アプリケーション層（WWW、メール） |
| プレゼンテーション層（HTML） |
| セッション層（HTTP） |
| トランスポート層（TCP、UDP） |
| ネットワーク層（IP） |
| リンク層（Ethernet） |
| 物理層（光ファイバー、電話線） |

図6-9：OSI参照モデル

　ご存じの方にとっては今さらでしょうが、アーキテクトとしても知っておいたほうがよい基礎知識なので覚えておきましょう。

　レイヤーアーキテクチャは、Webアプリケーションでは一般的に使用されています。基本的に3層です。亜流として4層にすることもありますが、基本的な考え方は大きく変わりません。3層のレイヤーには名前が付いていますが、人や出典によってレイヤーの呼び名が若干異なります。ただ、意味は同じですので、名前が多少違っても気にしないでください。

　マーチン・ファウラー氏の著書『Patterns Of Enterprise Application Architecture』では、**図6-10**に示す3レイヤーとして紹介されています。

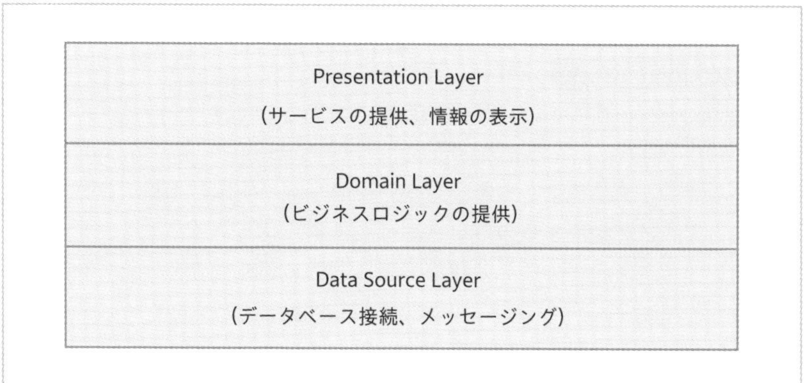

| Presentation Layer
（サービスの提供、情報の表示） |
| Domain Layer
（ビジネスロジックの提供） |
| Data Source Layer
（データベース接続、メッセージング） |

図6-10：3レイヤーアーキテクチャ

J2EEでは、上から「Presentation Layer」「BusinessLogic Layer」「EIS（Enterprise Information System）Layer」です。どちらが正しいというわけでもないのですが、皆さんのプロジェクトでレイヤーを設計する時に名前と意味付けを定義してください。

レイヤーのJavaでの実践

Javaでレイヤーを実現するためには、Javaのパッケージを利用します。ご存じのとおり、Javaではクラスをパッケージと呼ばれる階層構造で分類することができます。レイヤーに応じてパッケージを定義することで、あるクラスがどのレイヤーに所属するのかを明確にできるのです。

Javaの命名規則として、パッケージ名にはそのシステムを代表するURL（業務アプリケーションでは企業のURL）を逆にしたものを付けます。仮に「xyzcorp.co.jp」という企業のURLであれば、「jp.co.xyzcorp」となります。本書ではこれを基底パッケージと呼びます。

パッケージ構成にはいくつかの方法があります。その1つは、次のように基底パッケージの後にレイヤーに応じたパッケージを定義するものです。前述したように、設計書とソースコードのトレーサビリティを確保することは重要です。

- jp.co.xyzcorp.presentation ⇒ Presentation Layer
- jp.co.xyzcorp.domain ⇒ Domain Layer
- jp.co.xyzcorp.datasource ⇒ Data Source Layer

このパッケージ構成にすると、レイヤーの役割が明確になり、レイヤーごとに共通クラスを配置するのも自然に行えます。レイヤーパッケージの下にユースケースや何らかの機能分類ごとのパッケージを作成するとよいでしょう。ただ、Javaではパッケージスコープで公開するクラスやインターフェイスを制御するのが難しくなります。

レイヤーの問題点

●

　レイヤーにも、気を付けるべき問題点があります。レイヤーによってカプセル化が進みすぎると、システム全体が冗長になってきます。パフォーマンスにも悪影響を与えることがあります。そのため、あえてレイヤーのブラックボックスを外すこともあります。Webアプリケーションの3層レイヤーでは、最下層のレイヤーにエンティティが配置されることが一般的です。その場合、中位のレイヤーへの引数として、最上位のレイヤーでエンティティを使いたいことがあります。ブラウザから受信したデータをエンティティに詰め込んで、中位レイヤーのビジネスロジックに渡すのです。DTOを定義して詰め替えてあげるのも正しいアプローチですが、処理が若干煩雑になります。そのような場合には、最上位のレイヤーから最下位のレイヤーのエンティティを呼び出すことをルールとして許可します。

処理の共通化（DRY）

DRY（Don't Repeat Yourself）という言葉があります。「繰り返すな！」という意味ですが、同じ処理を書かないこと以外にも、仕様書や設計書、プロセス、プログラムのコメントなどを含めて安易な重複を戒める言葉です。

似た意味の言葉で、Once And Only Once（OAOO）というものもあります。直訳すれば「1度だけ、ただ1度だけ」という意味です。言葉だけを比べればどちらも重複を戒めていることに変わりはありません。実際には意味が違いますが、本書は些細な言葉の解釈をするものではありません。簡単に言えば、Once And Only Onceはコードを重複しないことに言及している

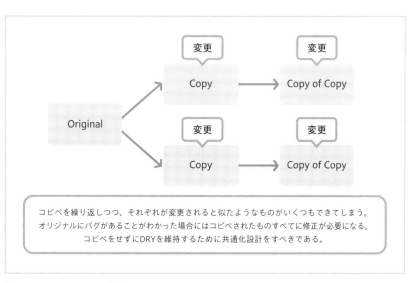

図6-11：コピペによる多重メンテナンス

のに対し、DRYは設計書やプロセスなどコード以外のものも含めた開発全般の仕様やデータの重複を戒めています。DRYのほうが広範囲です。

　今さらかもしれませんが、なぜ処理やデータの重複がいけないのでしょうか？（**図6-11**）　理由は、処理にせよデータにせよ変更をかける場合に、変更が複数に及ぶよりも、変更が1回であるほうが手間も間違いも少ないためです。システムの保守性の問題です。プロセスやデータであれば、あえて冗長化するために重複した構成にしていることがあります。Webサーバーを複数台、冗長化した構成にするのは今どき当然のことですし、データベースのデータをレプリケーションすることも珍しいことではありません。ただ、これらはDRYの原則には反します。設計判断としてDRYに反することのデメリットよりも冗長化のメリットをとった、もしくはDRYに反することのデメリットへの対策を行ったということになります。

　例えば、Webサーバーの冗長化は、コストを低めに抑えてスケールアウトするための基本的な戦略です。Webサイトによっては、何千台というサーバーを冗長化していることもあります。つまり、冗長化のメリットは低コストとスケールアウトです。

　このケースでDRYに反するデメリットは、Webサーバー上のアプリケーションを何千台にデプロイメントする必要があるので、アプリケーションを修正するたびに大きな手間が発生することです。もちろん、アプリケーションの修正を自動的にWebサーバーに反映することもできるでしょう。また、セッション（HTTPセッション）を使用している場合は、セッションを維持するためにセッションレプリケーションかセッションスティッキーの方法を選択する必要があり、その分のリソースやパフォーマンスを若干犠牲にすることになります。

　セッション維持のためのリソースやパフォーマンスの若干の犠牲は、スケールアウトによるメリットで余りあります。

　処理の共通化が重要であることはほとんどの人が理解していることでしょう。それでも、実際には共通化が行われないことも多くあります。なぜでしょう？

　共通化を行うためには、共通化するための設計が必要です。その設計を行うためには、ある程度のスキルと時間（コスト）が必要になります。共通化せずにコピペすれば、簡単ですしタダです。最終的には共通化したほうが時

間（コスト）が少なくて済むことは経験的にわかっていますが、プロジェクトの規模やメンバーの経験によっては事前に納得させるのは難しいものがあります。さらに、共通化のための設計を行うには、システムのある程度広範囲な設計判断が必要になります。狭い範囲しか担当していなければ、共通化するにも限界がありますから当然ですね。つまり、スキルと時間（コスト）と広範囲の設計判断ができる立場にいる必要があるのです。つまり、アーキテクトを置く必要性があります。

　他にも、ドキュメントのフォーマットの問題やプログラミング言語の問題などで、仕様や設計などの情報が重複されてしまうことがあります。

　DRYやOnce And Only Onceを行うためには、何をすればよいのでしょうか？

　ドキュメントのフォーマットを見直し、情報の関連を調べて重複をなくしたり、プロセスやコードの重複についてはアーキテクトを専任したりするとよいかもしれません。また、実際に開発が始まってから共通化できる処理が判明することが多々あるでしょうから、その場合に担当者が共通化できることに気付いたら、アーキテクトに相談するように運営ルールを決めて、担当者にも理解してもらうことも重要です。

設計とプログラムのトレーサビリティ

●

　システムの保守性を高めるには、仕様書や設計書といったドキュメント
と、実際のプログラムのトレーサビリティを確保することが重要です。従来
は、設計書などでクラス名を記述することでトレーサビリティを確保してき
ました。この方法ではすべてのクラスを設計する必要があります。設計書に
記載されていない、実装時に必要だと判断されたクラスについては、それが
何を意味するのかをつかむヒントはクラスのソースコードのコメントくらい
しかありません。仮に、あるクラスで問題が発生した場合に、そのクラスの
名前が設計書に載っていなかったら、そのクラスの責務が何を行うことであ
るのかは誰もわからなくなります。

　では、どうやって設計とプログラムのトレーサビリティを確保するので
しょうか。例えば、設計書の体系とプログラムのパッケージやクラス名の体
系をあわせればよいのです。言うまでもなく、パッケージとはJavaにおけ
るクラスを分類するためのものです。画面プログラムとビジネスロジックプ
ログラムとデータベースプログラムの3種類のパッケージを定義し、その中
でユースケース単位にサブパッケージを定義します（**図6-12**）。

図6-12：パッケージの定義

依存性の注入（DI）

　これまでに紹介してきたサブシステム分割やレイヤーなどは、システムの保守性を高めるためにクラス間の依存関係を整理する手法です。これから説明するDI（依存性の注入）も、同じようにクラス間の依存関係を整理するための手法です。DIもシステムの保守性を高めます。

　DIはDependency Injectionの略で、日本語では「依存性の注入」と呼ばれます。DIはクラスの呼び出し元と、呼び出すクラスとの間を疎結合にするための仕組みです。

　図6-13のようなクラス図があるとします。Tunerクラスはラジオのチューナーを表します。Tunerクラスには外部出力としてSpeakerクラスが1つ付いています。Tunerクラスがラジオの電波を受信して、Speakerクラスから音声を出力することができます。もちろん、それ相当のハードウェアと連動して動くのでしょう。

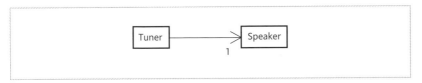

図6-13：クラス図の例

　さて、このサンプルでは、TunerクラスはSpeakerクラスに直接関連しています。Tunerクラスは、Speakerクラスと直結していることになります。スピーカー標準装備のラジオチューナーということです。スピーカー標準装備はうれしくもあり、邪魔でもあります。スピーカーを外してヘッドホンで聞きたい場合もあるでしょう。街の中で聞くには、ヘッドホンのほうが音質

的にもマナー的にも良いものです。

スピーカーをヘッドホンに付け替えるには、Tunerクラスから Speaker クラスへの直接の関連を何とかしなければなりません。そのため、Tunerクラスからの音声出力を抽象化した AudioOutput インターフェイスを定義します（**図6-14**）。これはポリモーフィズムです。

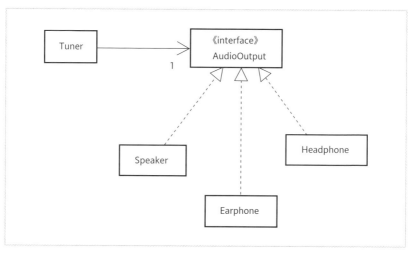

図6-14：AudioOutput インターフェイスの定義

Tunerクラスからは AudioOutput インターフェイスにだけ関連しているので、AudioOutput インターフェイスを実装したクラスには依存していません。これで疎結合にすることはできました。しかし、1つ問題があります。Tunerクラスが、AudioOutput インターフェイスの実装クラスである Speaker クラスや Headphone クラスのインスタンスをどのように解決するのかということです。

例えば、次のようなプログラムになります。

```
public class Tuner {
  private AudioOutput audioOutput;
```

```
    public void sound(AudioOutputStream ➡
audioOutputStream) {
        this.audioOutput.sound(audioOutputStream);
    }
}
```

Tunerクラスのaudio Output フィールドは、いつ、どのように初期化されるのでしょうか？ 次のように、Tunerクラスのコンストラクタで実装クラスのインスタンスを作成しては元も子もありません。

```
public class Tuner {
  private AudioOutput audioOutput;

  public Tuner() {
    // これではSpeakerに依存してしまう
    this.audioOutput = new Speaker();
  }

  public void sound(AudioOutputStream audioOutputStream) {
        this.audioOutput.sound(audioOutputStream);
  }
}
```

そこで、GoFのデザインパターンでは、インスタンス生成のためのパターンがいくつか定義されているので、それらを使うことができます。AbstractFactoryパターンは、インスタンス生成をする過程を隠ぺいしたファクトリクラスを作成するパターンです。AudioOutputインターフェイスを実装したインスタンスを作成する役割を、TunerクラスではなくAbstractFactoryパターンを使って他のファクトリクラスに委譲します。例えば、**図6-15**のようなAudioOutputFactoryクラスを定義します。Audio OutputFactoryクラスにはcreateAudioOutputメソッドが定義されており、AudioOutputインターフェイスを実装したインスタンスを生成して戻り値で返します。AudioOutputFactoryクラスを導入することによって、

AudioOutputインターフェイスを実装したインスタンスを生成する仕組みはTunerからは完全に隠ぺいされています。AudioOutputFactoryクラスが実装クラスをハードコーディングしていようと、プロパティファイルに書かれているクラス名から動的に解決していようと、Tunerクラスには関係ありません。

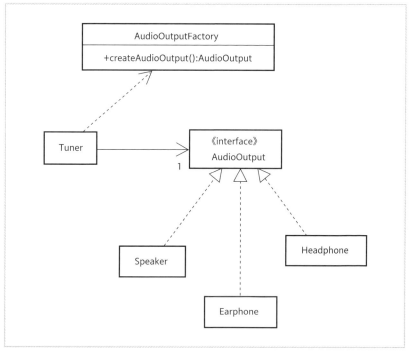

図6-15：AbstractFactoryパターンの適用

プログラムも次のようになります。

```
public class Tuner {
    private AudioOutput audioOutput;

    public Tuner() {
        AudioOutputFactory factory = 
```

```
new AudioOutputFactory();
            // AudioOutputFactoryに委譲
            this.audioOutput = factory.create();
    }

    public void sound(AudioOutputStream ⮡
audioOutputStream) {
        this.audioOutput.sound(audioOutputStream);
    }
}
```

これが基本的なAbstractFactoryパターンを使った設計です。しかし、これでも完全に保守性が高まったとはいえないかもしれません。AudioOutputFactoryクラスの仕様が大きく変わった場合にはどうでしょうか？例えば、AudioOutputFactoryクラスを毎回newしてインスタンスを作成するのはメモリ効率が悪いので、AudioOutputFactoryクラスのインスタンスをシングルトンパターンを使ってシステム（正確にはClassLoader）に1つにするように変更するとします。

AudioOutputFactoryクラスをシングルトンにします。getInstanceメソッドを呼び出すと、唯一のインスタンスが返されます。

```
public class AudioOutputFactory {
  private static AudioOutputFactory instance = ⮡
new AudioOutputFactory();

    private AudioOutputFactory () {
  }

    public static AudioOutputFactory getInstance() {
        return instance;
    }
}
```

AudioOutputFactoryクラスがシングルトンになることで、Tunerクラスも変更されます。

```java
public class Tuner {
    private AudioOutput audioOutput;

    public Tuner() {
        AudioOutputFactory factory = ⮐
AudioOutputFactory.getInstance();
        // AudioOutputFactoryに委譲
        this.audioOutput = factory.create();
    }

    public void sound(AudioOutputStream ⮐
audioOutputStream) {
        this.audioOutput.sound(audioOutputStream);
    }
}
```

TunerクラスはAudioOutputFactoryクラスに依存しているので、AudioOutputFactoryクラスの変更がTunerクラスに影響するのは当たり前かもしれません。しかし、Tunerクラスにしてみれば、ほしいのはAudioOutputクラスのインスタンスだけです。それであれば、**図6-16**のクラス図のように、ファクトリクラスとTunerクラスの依存関係を逆にすることもできます。TunerクラスにはsetAudioOutputメソッドがあり、ファクトリクラスからAudioOutputインターフェイスを実装したインスタンスを渡してもらいます。ファクトリクラスはAudioFactoryと名前を変えて、createTunerメソッドが追加されており、Tunerクラスのインスタンスを作成すると同時にcreateAudioOutputメソッドで作成したインスタンスをTunerクラスのsetAudioOutputメソッドで渡します。

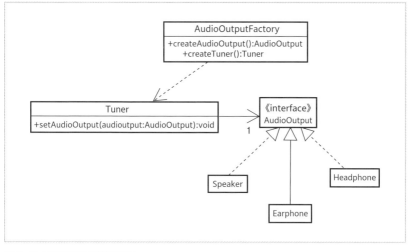

図6-16：依存関係を逆にする

　Tunerクラスからインスタンス生成についての責務が一切なくなり、AudioFactoryクラスにインスタンス生成の処理が集約しています。これにより、Tunerクラスがインスタンス生成処理に依存することはなくなりました。この例では、TunerクラスのsetAudioOutputメソッドでインスタンスの受け渡しを行っていますが、他にもTunerクラスのコンストラクタを使って受け渡す方法もあります。

　さて、この設計方法は興味深いものです。Tunerクラスから実行するAudioOutputインターフェイスの実装クラスへの依存はなくなっています。実装クラスのインスタンスは外部から注入されています。これをDI、もしくは依存性の注入と呼びます。DIを行うためには依存性を注入してくれるファクトリクラスが必要です。先ほどの例ではAudioFactoryクラスが依存性を注入してくれるファクトリクラスですが、このファクトリクラスをDIコンテナと呼びます。コンテナ（Container）というのは一般的なコレクションのような意味ではなく、主にJavaで使われる用語だと思いますが、コンポーネントを実行するための仕組みのことです。コンテナがコンポーネントのライフサイクルを管理することもあり、その仕組みとしてServletコンテナやEJBコンテナなどがあります。

293

DIを使ったAudioFactoryクラスが良いのか、その前に説明した
AbstractFactoryパターンを使用したやり方が良いのかについてですが、両
方にメリットとデメリットがあります。DIを使ったやり方のメリットは、
すでに説明しているようにTunerクラスがAudioOutputインターフェイス
を実装したインスタンスの生成方法に依存しないことです。しかし、このメ
リットの裏返しにデメリットがあります。TunerクラスはAudioOutputイ
ンターフェイスの実装クラスについてすべてを決定できていましたが、DI
にすることでsetAudioOutputメソッドやコンストラクタで外部に公開さ
れてしまいます。setAudioOutputメソッドが呼ばれると、Tunerクラスが
持っていたSpeakerクラスがHeadphoneクラスに変更されることがある
のです。もちろん、setAudioOutputメソッドを提供せずに、コンストラク
タでAudioOutputインターフェイスを実装したインスタンスを得ればよい
のですが、つまりDIを使うことで、クラスが持っていた責務を外部に委譲
し、依存関係を減らすことができるのですが、その分、クラスの内部構造を
少し外部に露呈することになります。

　現在、DIコンテナとして利用できるものはたくさんあります。有名なも
のでは、次の3つがあります。これらはオープンソースですので、無償で利
用できます。

- Spring Framework
- Seasar2（S2Container）
- PicoContainer

　このようなDIコンテナでは、前述のAudioFactoryクラスで行うことを、
もっと汎用的に実現することができます。AudioFactoryの対象は、特定の
TunerクラスやAudioOutputインターフェイスの実装クラスでしたが、DI
コンテナであれば任意のクラスを管理できます。

　DIコンテナが考えられた背景として、バージョン2.xまでのEJBが非常に
重厚長大で、機能が多く、設定して実行するのが大変だったことが挙げられ
ます。そのため、EJBへのアンチテーゼとして軽量コンテナが必要と考えら
れ、DIコンテナが登場したのです。

　DIという考え方は、Javaのようなコンパイル言語であるからこそ必要な

機能なのでしょうか？ そうではありません。実際、C++やC#にも同じように DI コンテナが登場しています。しかし、スクリプト言語でもインスタンスの管理は必要なわけで、ファクトリのような考え方は必要になります。ところが、スクリプト言語であれば、Java の DI コンテナのように、外部の設定ファイルにクラス名や初期化方法などを記述する必要はありません。ファクトリクラスのソースコードを直接編集することもできます。実際、スクリプト言語にも DI コンテナが提供されているものもあります。

　DI コンテナは便利なものですし、クラス間の依存関係を減らすことができるので、システムの保守性を向上させます。しかしながら、むやみに使用することで保守性を低下させる結果になることもあります。Java のようなコンパイル言語では、タイプセーフということがいわれます。つまり、コンパイラによってクラス間の呼び出しにおける型がチェックされるので、実行しなくても型の認識ミスによるバグを発見できます。コンパイル言語による静的な結合によるメリットです（もちろん、静的な結合によるデメリットもありますが、ここでの主題とは関係ないので割愛します）。しかし、DI コンテナを使用して実装クラスを外部の設定ファイルに定義すると、設定ファイルは実行時に動的に呼び出されるので、実行するまでは正しいかどうかわかりません。例えば、DI コンテナで AudioOutput インターフェイスを実装（implements）しているクラスを指定すべきところに、まったく関係のないクラスを指定していると、実行時にエラーが発生します。ファクトリクラスを使ってプログラムに記述していれば発見できるバグを、実行しなければわからないことになります。この点に、Java コンパイラによるタイプセーフの保障に慣れた開発者は注意する必要があります。もちろん、実行すればわかることですので、きちんとテストを行えば解決します。ただ、従来のテスト方法では、実装が終わってからテストすることが多いので、このような問題の発見が遅れてしまいます。DI コンテナを使うのであれば、テストファーストが理想です。DI コンテナは何気なく使うものではなく、テストファーストを採用するなど、開発方法にも影響があることに注意しましょう。

AOP

AOPとはAspect Oriented Programmingの略で、アスペクト指向プログラミングといいます。AOPでは、クラスのメソッドの呼び出しの前後などに、動的に処理を追加することができます。既存のプログラムには修正を加えずに、外部から処理を追加できるので、DIと同様に保守性に優れた機能拡張の手法として使用されています。

AOPは、オブジェクト指向では解決するのが難しいといわれる、クラスに横断的な機能を実現する場合に効果があります。これは関心の分離と呼ばれる考え方です。よくいわれるのは、トランザクション、例外処理とログ出力などです。ビジネスロジックの記述に専念したいのに、トランザクション、例外処理とログ出力を記述しなければならないのは処理を複雑にします。例えば、必ずメソッドの開始でトランザクションを開始して、終了時にコミットかロールバックを行うような処理が必要だとします。トランザクション処理は重要なので修正漏れがないようにしたいものです。対象となるクラスは複数あり、メソッドも当然複数あります。オブジェクト指向ではデザインパターンを使います。TemplateMethodパターンを使いたいところですが、メソッドが不特定多数になる場合にはうまく適用できません。例えば、次のようなトランザクションを開始して、コミットとロールバックする処理を共通化したいとします。この処理を複数のメソッドで利用するにはどうすればよいでしょう。

```
try {
transaction.begin();
// 何らかの処理
    transaction.commit();
} catch(Exception e) {
    transaction.rollback();
    // 何らかの例外処理
}
```

残念ながら、Javaでは簡単には解決できません。強いて行うとすれば、Commandパターンなどを使うことが考えられます。各メソッドの処理をCommandにして、CommandExecutorのようなクラスに上記のトラン

ザクション処理を行わせます。各メソッドからCommandを作成して
CommandExecutorに処理を委譲します。ただ、これは非常に煩雑です。
やりたいことに比べて定義すべきクラスが多すぎます。Rubyなどではク
ロージャやブロックと呼ばれる方法を使うことで、多少はシンプルに記述
できます。しかし、クロージャやブロックを使うことでクラス定義は不要
ですが、ビジネスロジックをすべてブロックにするのも煩雑さが残ります。

　AOPを使えば、この問題を解決できます。メソッドの開始と終了時に決
まった処理を行わせるようにAOPに指示をすればよいのです。

　しかし、AOPはプログラムをかえって複雑にするという声があります。
AOPには設定ファイルが付きものです。結局、ソースコード上に現れる複
雑さを設定ファイルに記述することになります。ソースコードはシンプル
に保てても、設定ファイルが複雑になるのでは意味がありません。また、
設定ファイルを見ないと、どのような処理が実行されるのかがわからない
ので、処理の見通しが悪くなるということもいえます。AOPは、使う理由
や他の方法との比較検討を行って、それでも効果があると考えた時に使い
ましょう。

マイクロサービス

　マイクロサービスも複雑さを軽減して保守性を維持向上するためのアーキテクチャの手法です。今までに見てきたオブジェクト指向設計、サブシステム分割、レイヤーなどと同じ目的を持ちます。特にサブシステム分割とは、機能ブロック単位で縦割りにするという面で似ています。ただ、サブシステムはモノリシックになってしまうことが多いので、マイクロサービスは機能単位で徹底的に疎結合にします。

　モノリシック（Monolithic）とは一枚岩のような固まりになっているという意味です。そしてシステムがモノリシックになっているとは、システムを構成するコンポーネントが密結合になっていて、あるコンポーネントを変更すると他の多くのコンポーネントまで変更しなければならない状態のことを指します。これは、コンポーネント間の依存関係が強く、コンポーネント単体を切り離すことが難しい状態です。コンポーネントが密結合というと、プログラムにおけるメソッドの呼び出しだけが原因と思われるかもしれませんが、他にも密結合になりやすいのがデータベースです。データベースのテーブルは外部キー（FK）で関連付けされていれば結合であり、この関連付けが過度であれば密結合といえます。仮に外部キーで関連付けされていなくても、意味として他のテーブルの主キーを持っていれば結合であり、それが過度であれば密結合となります。したがって、RDBに限らずNoSQLでも密結合は起こり得ます。モノリシックだと保守性が低いだけでなく、スケーラビリティも低くなります。モノリシックなシステムはサイズも大きいので運用するには大きなインフラが必要になります。それではスケールアップやスケールアウトさせるのが技術的にも難しく、コストも高くなります。

　マイクロサービスはモノリシックを解決するためのアーキテクチャ設計の手法です（**図6-17**）。まったく新しい考え方ではなく、過去にはSOAなど

も近い考え方ではありました。マイクロサービスとSOAの違いを議論することほど無駄なことはありません。あえて言うなら、SOAの登場からマイクロサービスが実践されるまでに10年近い年月が経っていて、この間にクラウドが実用化されたことが大きな違いといえるでしょう。オンプレミスでマイクロサービスを運用するのは非現実的だとすれば、マイクロサービスはクラウドネイティブな技術であるといえるかもしれません。

マイクロサービスはお世辞にも簡単とはいえません。オブジェクト指向設計やレイヤーアーキテクチャやドメイン駆動開発（DDD）の知識も必要になります。さらにクラウドやインフラやネットワークやデータベースの知識も総合的に必要になります。開発コストもモノリシックに開発するよりも大きくなることでしょう。そのため、すべてのシステムをマイクロサービスで開発するのは現実的ではありません。大きなシステム、重要なシステム、長く使うシステム、時間とともに変更が予想されるシステムであればマイクロサービスを適用しても元が取れるでしょう。

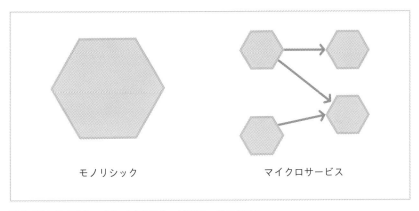

モノリシック　　　　　　　　マイクロサービス

図6-17：モノリシックとマイクロサービスアーキテクチャ

マイクロサービスの設計方法は、簡単に言えば「システムを分割して、分割したものを疎結合なままつなぎ直す」ということです。すいません、簡単に言い過ぎました。

システムの分割はオブジェクト指向設計の責務の考え方を参考にすることができます。オブジェクト指向においてクラスに持たせる責務は1つにすべ

きです。これを単一責任の原則（Single Responsibility Principle）といいます。マイクロサービスにおいても同じことがいえます。1つのサービスの責務は1つにすべきです。同じ考え方をコンポーネントに当てはめると閉鎖性共通の原則（The Common Closure Principle）があります。コンポーネントには同じ理由で変更するものだけを含めるべき、異なる理由で変更するものは別のコンポーネントにすべきという原則です。どちらも同じようなことを言っていますが、マイクロサービスにはどちらも適用できます。そしてこの原則に沿って設計したものがマイクロサービスの適切な分割単位となります。このようにマイクロサービスを定義していくと、従来システムのアーキテクチャにおけるデータベースをマイクロサービス単位に分割することになります。データベースを密結合のままにしておかないということです。

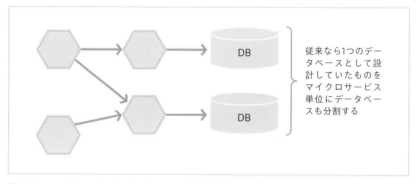

図6-18：マイクロサービスとデータベースの分割

　疎結合とは、サービス間はAPIを介してやり取りするということです。APIによるカプセル化をして、データベースによる直接の連携は行いません。カプセル化はオブジェクト指向設計の考え方です。APIもプログラムから直接呼び出すのではなく、Web APIなどで定義してネットワーク経由で呼び出せるようにします。これによって、サービスが配置されているロケーションや採用しているプログラミング言語などに関係なく呼び出すことができます。Web APIの方式としてはRESTやGraphQLなどがよく使われます。
　マイクロサービスの大きさに明確な基準はありません。マイクロサービスが大きくなったらモノリシックなマイクロサービスと呼ばれてしまうよう

に、保守性やスケーラビリティを経済的に維持できなくなったら、それは大きすぎるということです。1つの目安としては1つの開発チームが開発できる規模を超えたら明らかに大きすぎるといえます。開発チームの人数は、アジャイル開発では3人から多くても10人以下だといわれています。マイクロサービスをアジャイル開発で作るかどうかはさておいて、適切な規模感の目安になると思います。

マイクロサービスパターン

『マイクロサービスパターン[実践的システムデザインのためのコード解説] (impress top gear)』（クリス・リチャードソン著、ISBN：9784295008583）

この本はマイクロサービスの設計方法についてとてもよくまとめています。ヘキサゴナルアーキテクチャやサーガ、イベントソーシング、CQRSなどをマイクロサービスという文脈においてわかりやすく位置付けています。

第7章 本当に設計は必要か

> 本章では、本書の締めくくりとして、設計の意味を改めて考えてみます。アジャイル開発が普及しつつある中で、設計の位置付けは従来とは変わってきているといわれます。では、具体的にどう変わっているのでしょうか。また、設計に必要なスキルは今後どのように変わっていくのでしょうか。その点を考察したうえで、最後に「これからのエンジニアと設計」について述べたいと思います。

設計の意味を改めて問う

　本書のテーマは設計ですが、設計そのものが不要だという議論があります。本書は教科書ではありません。はじめて設計を行うエンジニアのための本です。そして、エンジニアの仕事はきれいごとではありません。仮に、本当に設計が不要なのだとしたら、行うべきではないでしょう。設計が必要なのか不要なのかは、本書のテーマの中心ともなる重要な議論です。

　最近では、システム開発における設計が不要だとの意見が多くなってきました。特に、スクラム開発やXPをはじめとするアジャイル開発方法論が注目されるようになるにつれ、この意見が顕著になってきました。筆者の周りには、設計が不要だと考える人も、設計はやっぱり必要だと考える人もいます。ただ、どちらの陣営も、設計が必要かどうかを深く考えているというより、それぞれの過去の経験から判断を下していることが多いようです。

　設計を省略できるような条件の開発プロジェクトを多く経験した人は、設計が不要だと言います。一方でウォーターフォールで開発することが多かった人は、設計を行わないなんて考えられないと言います。またここで重要なのは、いろいろな種類があるアジャイル開発方法論でも、その多くではドキュメントをまったく書かないとは言っていないということです。どこまでドキュメントを書くのかは、ケースバイケースです。コミュニケーションを

活発にし、ソースコードやテストプログラムも重要な設計書の1つとして扱うということです。アジャイル開発方法論には、いまだに多くの誤解が残っています。本書では、アジャイル開発の是非を議論するつもりはありません。アジャイル開発方法論には、学ぶべきものがたくさんあります。条件が揃えば、アジャイル開発を行うのもよいでしょう。アジャイル開発方法論が、盲目的に設計を行っていた中世から、近代のドアを開けてくれたのかもしれません。本書では、アジャイル開発方法論か他の方法論かにかかわらず、システム開発という同じ目的を達成するために設計が必要か不要かを考察します。

設計不要の主張

さて、設計が不要だという主張は、どのようなものでしょうか。代表的な主張を次にまとめてみます。

- 外部仕様をプログラマが正確に把握すれば、設計は必要ない。なぜなら、詳細設計は動かないものである。動かないものは検証できない。検証できないものを作成するのに時間をかけるよりも、動くプログラムに時間をかけたほうがよい
- アーキテクチャ設計を行うことで、多くのアプリケーションで内部設計が不要になった
- 多くの業務アプリケーションは、画面から入力された値をデータベースに登録し、データベースから取り出した値を画面に表示するだけである。複雑なビジネスロジックがないので内部設計をする必要はない
- テストファーストによる品質確保によって設計が不要になった
- 設計書はメンテナンスされない。実装と設計書は必ず食い違う。だから、設計書などは書かないほうがよい
- インターフェイスをプログラミングしてからJavadocを使えば、設計書に相当するものを用意できる。情報の共有にも困らない
- 外部仕様の詳細な検討も、ドキュメント上で行うよりも実際に動くもの

を見せたほうが結果的に早い。現在では、画面設計に代わって実際に動く画面を作ることはそれほど難しくない
●プログラミングは最高のコミュニケーション手段である

これらの意見には、納得できるものも首を傾げたくなるものもあるでしょう。ただ、無駄な設計を行っている開発プロジェクトは実際にあります。また、ドキュメントをなくしたために、収拾が付かず混乱する開発プロジェクトもあります。必要なのは、ロマンチックで単純な議論ではありません。

設計は必要か不要か。結論は、設計は必要であり不要でもあります。そうであれば、不要であるほうがうれしいはずです（仕事が1つ減るわけですから）。設計が必要であるかどうかは、開発プロジェクトによって異なります。設計が必要な理由と、設計が不要な理由を明らかにしながら、設計を不要にできる条件を明確にしたいと思います。

設計が必要な理由

設計が不要かどうかも、設計することを当たり前だと思っている人から見れば、議論するまでもないことかもしれません。確かに、ソフトウェア工学のようにシステムを作る技術を対象とした学問があるくらいなので、「設計なしにソフトウェア工学が成り立つのか？」と思うのも無理はありません。工学と名の付く分野で、設計が不要などという議論があること自体が驚きかもしれません。工学における設計とは、対象となるものを作るための手法であり技術です。ソフトウェア工学も、ソフトウェアシステムを開発する手法を研究するためのものであるはずです。そう考えれば、設計が必要だと考えるほうが自然に思えます。ある対象システムを作り出すためのノウハウが、設計ということになります。設計を再利用することで、同じものを同じように作ることができます。設計書こそがモノ作りのノウハウなのです。

ただ、ソフトウェアと他の工学には大きな違いがあります。それは、ソフトウェア開発では毎回違うものを作成するという点です。まったく同じであればコピーすればよいわけですから、ソフトウェアを開発することは、（少

なくとも開発者にとっては）毎回新しいものを作成することになります。機械工学のエンジンであれば、設計書があることで同じエンジンをいくつも作成できます。設計書がなければ、エンジンは試作品を作っただけで終わってしまいます。ソフトウェア以外の工学では、設計書は同じものを作成するためのものですが、ソフトウェアにおける設計書は、一度きりの特注品を作るためのものです。繰り返しになりますが、設計がシステムを作成するうえで本質的に必要であれば、設計は行う必要があります。しかし、仮に設計が不要だとすれば、行わないに越したことはありません。

　ただし、設計書にはもう1つの目的があります。それは、開発者間での情報共有です。その発展として、開発終了後に開発チームの手からシステムが離れた時に、機能拡張や保守のためにメンテナンスする人への情報提供があります。システムが開発されると、ユーザー企業に引き渡されます。そして、ユーザー企業は運用を開始します。何の問題もなければよいのですが、実際に運用を始めると、足りない機能やシステムのバグが発見されてしまいます。これらは決して望ましい状況ではありませんが、起きる可能性をなくすことはできません。このように機能拡張や保守開発が必要になった時、最初にシステムを開発した開発チームは解散しています。確かに、瑕疵担保のようなものもありますが、必ずしも当初の開発チームのメンバーが開発できるとは限りません。そのような場合に、設計書が何も残っていなければ、機能拡張や保守開発を行う前にシステム分析をすることになってしまいます。設計書があれば、その設計書を手がかりにして開発することができます。

　すでに説明したように、設計の目的は次のものだと考えられます。

● 要件定義の内容をシステムでどのように実現するのか検討・記述する
● 要件定義で明確になっていない外部仕様を検討・記述する
● システムの品質を高める
● 開発の関係者間で情報を共有する
● メンテナンスのために記述する

　この中でも、2つ目の「外部仕様を検討する」ことが不要であるとは考えられません。外部仕様がわからなければ、何を作ればよいのかわからないからです。

　設計が不要であるということは、これらの目的が不要なのか、あるいはこれらの目的を他の手段で実現できることを意味します。

　実際、アジャイル開発以外の多くの開発プロセスには、設計工程があります。その呼び方や手法には若干の違いがあるものの、設計を行うことに変わりはありません。ウォーターフォールやRUPなどがそうです。UMLは設計を行うための表記方法でもあります。オブジェクト指向は、プログラミング手法であると同時に設計手法でもあります。クラス図やシーケンス図が有用なことは言うまでもないでしょう。

設計が不要な理由

次に、設計が不要な理由を考えてみましょう。

アジャイルの登場

歴史的な背景から見ると、従来のウォーターフォールやRUPのような開発プロセスが持つ問題に対するアンチテーゼとして、アジャイル開発は生まれました。アジャイル開発のエッセンスはすでに紹介しましたが、それらを端的に表しているのは「アジャイル宣言」です。アジャイル宣言では、より良いソフトウェア開発を行うために、次の項目を尊重すると述べています。

①プロセスやツールよりも、個人と相互作用
②包括的なドキュメントよりも、動作するソフトウェア
③契約交渉よりも、ユーザーとの協調
④計画に従うよりも、変化に応じる

特に①と②が印象的です。文字どおり、プロセスやツールよりも、個人と相互作用を尊重します。また、包括的なドキュメントよりも、動作するソフトウェアを尊重します。従来の開発で最も重視されていた開発プロセスと包括的なドキュメントよりも、重要なものがあると言っているのです。

④の「計画」とは、開発プロセスに従って成果物である包括的なドキュメントを作成するためのものです。開発プロセスや包括的なドキュメント、計画は、従来の開発プロセスというよりも、通常の開発プロジェクトにおいて

重要なことは言うまでもありません。アジャイル開発では、開発プロセスや包括的なドキュメント、計画を重視せずに、どうやって開発するのでしょうか？

プロジェクトが失敗する理由

システム開発がうまくいくのはどのような時でしょうか？ この質問は難しいですね。逆に、どういう開発プロジェクトが失敗しやすいでしょうか？ ある調査によれば、開発プロジェクトが失敗する理由の多くは、要件定義の不備にあるとのことです。つまり、外部仕様が変更されるということです。多くは、要件定義に不備があるから、外部設計にも影響があるのでしょう。要件定義に不備が生じる理由は、いろいろ考えられるでしょう。

●**要件定義に漏れや間違いがあった**
●**要件定義後にユーザー企業側から変更依頼があった**

さらに、要件定義後にユーザー企業側から変更依頼がある理由も、いろいろ考えられます。

●**ビジネス環境が変わった**
●**そもそも要件定義の内容が正確に共有されていなかった**

要件定義が正しいかどうかは、最終的にはユーザー企業側が判断することです。もちろん、システム開発側としても漏れがないように業務フローとユースケースを照らし合わせてみたり、概念モデルにあるクラスの状態遷移を確認してみたりはします。ただし、この方法には限界があります。システムとして完結した要件定義にするためのチェックはできるとしても、業務として完全になるためのチェックはできません。業務フローが完全に記述できていればよいのですが、完全な業務フローを記述することは非常に難しいものです。

要件定義後にユーザー企業側から変更依頼があるケースに至っては、システム開発側としては事前に対処することはほとんど不可能です。もちろん、要件定義の内容は正確に共有されるように、システム開発側として努力する必要はあります。ただし、どのような方法であれ、ドキュメントに記述された要件定義は抽象的になってしまいます。抽象的な記述をもとに、ユーザー企業側に完璧な理解は要求できません。つまり、すべての開発プロジェクトには、要件定義の内容が変更されるリスクが存在するのです。このリスクが発生すると、最悪の場合、開発プロジェクトを要件定義からやり直すことになります。

　従来の開発方法が重視する開発プロセスや包括的なドキュメント、計画は、まさにこれらのリスクを制御できるように抑え込むためのものです。さらに、このリスクはユーザー企業とシステム開発会社の間の契約にも関係します。システム開発会社はこのリスクを見積って、その分を契約金額や契約条件に転化します。リスクが発生した場合の追加工数を見積り、その追加工数に見合った金額を契約金額にバッファとして上乗せするか、「仕様凍結後に仕様変更が発生した場合には追加料金をいただきます」といった条件を契約に入れておくのです。従来の大手システム開発会社の優秀なプロジェクトマネジャーは、このようなリスクを想定し、事前に対処できる人です。この仕様変更リスクへの対応は、「仕様変更は起きてはならないものである」という考え方です。ただし、システム開発会社がどのようにガードを高くしようとも、仕様変更は起こるのです。

　従来の開発方法で包括的なドキュメントを作成するのは、要件定義や設計の内容をプログラマに伝えるためであるのはもちろんですが、それだけではありません。ユーザーに包括的なドキュメントを見せることで、要件定義や外部仕様について正確に伝えるためでもあります。要件定義の内容を正確にユーザーと共有することは、リスクを軽減します。ドキュメントを記述することには、仕様変更に対するユーザーへの牽制の役割もあるのかもしれません。「こんなにきっちり検討した要件定義と設計なんだから、変更するのはやめようね」と。また、作成したドキュメントは、仕様変更が起きてしまった場合の影響度を調べるためにも使います。「100ページのドキュメントの中で、50ページに影響があります」といった具合に影響度を表現するのです。

　しかし、ユーザーから見ると、仕様変更は業務を遂行するために必要であることが多いのです。業務の遂行に役立たないシステムを作ったところで、何も意味がないのです。ユーザーも、仕様変更が望ましくないことはわかります。それでも、行わなければならないような仕様変更なのです。もちろん、ユーザー企業側の気まぐれのようなもので、仕様変更が発生することはあります。システム開発会社に請負でシステム開発をやらせるのであれば、できるだけ仕様を詰め込もうとすることも稀にあります。請負であれば、総額は基本的に一緒なので、同じ金額ならばたくさんの機能を作ってほしいと考えるのです。このようなユーザーは稀にいますが、多くのユーザーはそこまで愚かではありません（そもそも請負だから詰め込もうとするのは、ビジネスマンとしての品性を問われるような話です）。ユーザーにとって必須の仕様変更は、システム開発会社との交渉により、リスク分のバッファに入るものは仕様変更を行います（これは、良心的なシステム開発会社の場合です）。バッファに含まれないものは、ユーザー企業が追加予算を拠出することになります。従来の開発方法論では、仕様変更が発生すると、結局は開発の現場は混乱します。仕様変更がどのタイミングで発生したかにもよりますが、部分的にでも要件定義からやり直しになることもあります。要件定義がやり直しになれば、基本設計以降も影響のある範囲でやり直しになります。詳細設計の後半で仕様変更が発生したのであれば、実装するためのプログラマを追加投入してしまっているかもしれません。その場合でも、プログラマを遊ばせておくことはできませんので、仕様変更の影響がない部分から開発をさせたりします。しかし、多くの場合、開発プロジェクトにおける非効率と混乱は、仕様変更時に見積った工数を上回り、スケジュールも遅延し、ユーザーにとってもシステム開発会社にとっても手痛い結果になります。システム開発会社は、リスクを抑えようとしても抑えきれるものではないのです。このような仕様変更のリスクには、ウォーターフォール開発は無力です。RUPのような反復型開発であれば、イテレーション開発を繰り返すので、仕様変更も次のイテレーション計画に盛り込めばよいでしょう。ただし、RUPでも大量のドキュメントを作成するので、イテレーションへの影響は避けられないでしょう。

イテレーション開発

要件定義が変更されるリスクが不回避であり、その要件定義のリスクはユーザーが判断するのであれば、はじめから仕様の変化に対応できる開発方法はないのでしょうか。そう考えて登場したのがアジャイル開発方法論です。アジャイル宣言をもう一度見てみると、その意味するところがわかることでしょう。

- ●プロセスやツールよりも、個人と相互作用
- ●包括的なドキュメントよりも、動作するソフトウェア
- ●契約交渉よりも、ユーザーとの協調
- ●計画に従うよりも、変化に応じる

アジャイル宣言は、アジャイル開発の真髄です。アジャイル宣言で言及しているのは、従来の開発方法でも重要だと思われていたプロセス、ツール、ドキュメント、契約、計画についてです。ただしアジャイルでは、プロセス、ツール、ドキュメント、契約、計画とは違う方法でアプローチしようとしています。従来の方法では、仕様変更のリスクを抑えつけようとしていました。それに対してアジャイルは、仕様変更のリスクを受け入れようとします。仕様変更のリスクが不回避なものだとすれば、そのリスクを受け入れたうえで、そのためには何をする必要があるのかを考えます。

アジャイル宣言に共感したとしても、単にそのままやったのでは開発プロジェクトは失敗するでしょう。1年間の開発プロジェクトで、計画を重視するよりも変化に応じてしまえば、半年経っても要件定義すら終わらないでしょう。従来の方法では、変化させないために計画をきちんと立てるわけで、単純に計画をしなければ変化しっぱなしになるのは当然です。アジャイルを実現するには、もう1つ必要なものがあります。それがイテレーションです。スクラム開発ではイテレーションのことをスプリントといいます。

イテレーションとは、短いサイクルで小さいものを開発するということです。1つのイテレーションは2週間から3週間程度と期間が短いので、しっかりした計画や開発プロセスがなくても何とかなります。2週間から3週間

程度で開発できる規模なので、それほど大きいものではありません。それくらいの規模であれば、ドキュメントを大量に作成する必要もありません。このように、アジャイル開発の大前提は、イテレーション開発を行うことにあります。イテレーション開発により、アジャイル宣言にあるようなコンセプトを実現できるのです。

　短いイテレーション開発が行えるとすれば、ドキュメントや開発プロセス、計画といった不確定なものに時間を割くよりも、より実用的なものにだけ時間を使うべきです。そのために、「個人と相互作用（つまりコミュニケーション）」と「実際に動作するソフトウェア」を重視するのです。コミュニケーションが重要なのはわかる気がしますが、実際に動作するソフトウェアというのはどのようなものでしょうか？

動作するソフトウェアを重視

　動作するソフトウェアを重視するというのはつまり、ドキュメントのような中間成果物を作成するのではなく、プログラミングを直接行うということです。しかも、そのプログラムは動作できる状態を保ち続けます。これはどういうことでしょう？　なぜ、そんなことができるのでしょうか？

　最近では、プログラミング言語や開発環境の発展によって、以前よりもはるかに素早く開発できるようになりました。

- ●プログラミング言語の発展
- ●フレームワークの発展
- ●IDEの発展
- ●アプリケーションサーバーの発展
- ●データベースの発展
- ●ハードウェアの発展
- ●CI/CDの発展
- ●コンテナ仮想化技術の発展（図7-1）
- ●クラウドの発展

プログラミング言語は発展しています。言語自体も発展していますが、周辺のライブラリも発展しています。その意味では、フレームワークの発展とも関連しているでしょう。

現在では、Webアプリケーションは非常に簡単に構築できるようになっています。Webアプリケーションを構築するニーズが多いので、ライブラリやフレームワークも大きく発展しています。画面遷移をさせるだけなら、ほとんどプログラミングをしなくてもよいくらいです。特にスクリプト言語はコンパイルも必要ないので、プログラミングをした瞬間に動かすことも不可能ではありません。その点、Javaではコンパイルとデプロイが必要になるので、多少の手間がかかります。しかし、それもIDEやCI/CDやコンテナ仮想化などの発展によって簡単に行えます。

Eclipseは、Javaにおける標準的なIDEの1つです。Eclipseを使ってプラグインなどの環境を整備すれば、Eclipse上でWebアプリケーションサーバーを実行でき、コンパイルからデプロイまでを簡単に行うことができます。アプリケーションサーバーも、ホットデプロイ機能によって簡単にデプロイできます。また、普通のクライアントマシンで実行できるようなデータベース製品やモードがあるので、データベースと連動したプログラムを実行できます。最後は、何といってもハードウェアの発展です。これにより、クライア

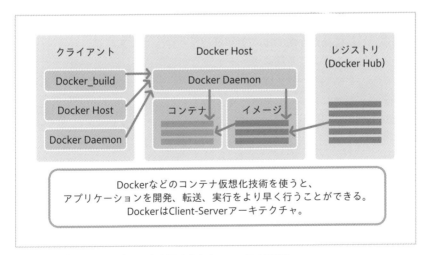

図7-1：動作するソフトウェアを実現するためのコンテナ仮想化

ントマシンの性能が大きく向上しています。こうした複数の理由があわさって、素早く開発するためのプログラミング環境ははるかに向上しています。

　さて、動作するプログラムを素早く開発することで、どのようなメリットがあるのでしょうか？ 単純に開発効率が向上するだけではありません。動作するプログラムを開発することの最大のメリットは、ユーザーに動作するシステムを使って仕様を確認してもらえる点です。例えば、実際に画面を見てもらいながら、どのような入力項目が必要なのかを検討できます。また、計算結果画面を見てもらいながら、計算方法や結果の表示方法も検討できます。簡単な計算方法の変更であれば、その場でできるかもしれません。これはオンサイト顧客（カスタマー）と呼ばれるもので、アジャイル開発方法論の1つであるXPのプラクティス（実践すること）でもあります。

　実際に動作しているシステムを見て意見を交換するのですから、抽象的なドキュメントを使うよりも確実であることは言うまでもありません。重要なことは、動いているシステムをユーザーに確認してもらうことなので、必ずしもユーザーの目の前でプログラムを修正する必要はありません。オンサイト顧客とは、動いているシステムを常にユーザーに確認してもらって意見交換するには、開発側がユーザーの場所にいなければならないという意味です。ユーザー企業のオフィスの一角にでも場所を借りて、開発者がそこで開発を行います。そして、1つの機能ができたらユーザーにすぐに確認してもらうのです。実際にユーザーにシステムを使ってもらえば、ユーザーとの間で仕様の理解に齟齬が生じることはほとんどなくせます。この方法により、仕様変更によるリスクを軽減できます。

　ただし、すべての外部仕様を実際のシステムで表現するのは難しいものがあります。複雑な計算式を持つのであれば、実際のシステムによる計算結果で判断するよりも、計算式自体を見たほうがわかりやすいこともあります。ユーザーに直接使ってもらって確認するのは、文章や図表で表現するよりも、実際に見てもらったほうが早い外部仕様についてです。そうではないもの、つまり文章や図表で表現するほうが早いものは、やはり文章や図表で表現すべきです。画面入力チェック仕様書は表形式で整理されているほうが、確認するのは簡単です。画面で画面入力チェック仕様を確認するのは大変なことです。

　動作するプログラムをユーザーに確認してもらうことのメリットは、仕様

の確認だけではありません。プログラムが仕様確認の対象になることで、プログラムこそが正しい仕様を表現しているドキュメントの代わりになります。ユーザーに確認するのは要件定義と外部設計についてですが、内部設計にも同じことがいえます。内部設計はクラス図やシーケンス図で記述するのが普通ですが、プログラミングを行えば、より正確な内容をプログラムのソースコードとして表現できます。ソースコードは動作できるので、設計書よりも正確です。ツールを使えば、ソースコードからクラス図やシーケンス図をリバースエンジニアリングして作成することもできます。ツールで作ったクラス図やシーケンス図は、人間には見づらいかもしれませんが、人間が少し手直しすれば見栄えも良くなります。Javaであれば、Javadocのような API ドキュメントもソースコードからきれいに作成できます。Javadocは、Javaの世界では標準APIにも使用される一般的なドキュメント形式です。Javadocをそのまま納品物に含めることも珍しくありません。

　また、プログラムであれば、メンテナンスの手間は不要です。設計書のようなドキュメントを作成することの問題点は、メンテナンスの手間にあります。つまり、設計が終わって実装に入った時に、設計書の内容と実装されたクラスの内容が食い違ってきます。当然ながら、実装は設計書をもとに行われるはずですが、実装してみないとわからない点は必ずあります。設計書ではサブクラスにあったメソッドが、実際にクラスを実装してみるとスーパークラスにあったほうがうまくカプセル化できることはよくあります。当然ながら、設計書の内容と違っても、実装として正しければそのとおりに実装すべきです。この時、設計書を一緒に修正できればよいのですが、手間がかかるなどの理由で修正されないことが多くあります。一度修正されなくなった設計書は、誰からも信用されませんので、次第に忘れ去られていきます。設計書と実装を一緒にするためには、常にメンテナンスの手間を払い続ける必要があります。プログラマにとっても、開発の忙しいさなかに設計書をメンテナンスすることは余計な手間です。ただ、プロジェクトマネジャーは後の納品のことを考えると、設計書をメンテナンスしなければなりません。そこで、プロジェクトマネジャーは1つの常套句を言います。「開発が終わってからみんなで一斉にメンテナンスしよう」。これは、プロジェクトマネジャーの詭弁です。実際に一斉にメンテナンスはするでしょうが、その内容が実装とあっているとは本気で信じてはいません。このメンテナンスは、単

に納品するための形式的な作業に過ぎません。これは、メンテナンスすることを徹底しないのが悪いのかもしれません。設計書をメンテナンスすることは当然であり、設計書が必要だとすれば、メンテナンスをしない理由にアジャイル開発を持ち出すことは筋違いです。ドキュメントをメンテナンスするほうが手間がかかるのは当然ですので、設計書がそもそも必要かどうかを議論する必要があります。

さらに、プログラムがあれば動かすことができます。XUnitなどを使ってテストケースを作成すれば、品質を確保できます。設計で品質を確保するのではなく、プログラム自体で品質を確保するのです。

このように、イテレーション開発やコミュニケーション、オンサイト顧客、動くソフトウェア、テストを重視することで、設計書というドキュメントの作成を重視する必要はなくなります。これらの項目は、XPのプラクティスの一部と重なっています。アジャイル開発を正しく行うことができれば、設計を重視しなくてもシステムを開発できることがおわかりいただけたでしょうか。

設計のこれから

最後に、本書の締めくくりとして設計のこれからについて考えてみたいと思います。

もっと議論と実践を！

これからのシステム開発や設計はどうなるのでしょうか。アジャイル開発方法論が主流となり、設計という行為は不要になるのでしょうか。それとも、まだまだ設計が必要な領域は残っていくのでしょうか。

また、これから育っていく若いエンジニアに、設計をどのように伝えればよいのでしょうか。もちろん、その会社や部署の事情にあわせたシステム開発や設計というものを教えることが先決でしょう。ウォーターフォールで開発している会社で、「実はアジャイルというものがあってね。設計はいらないんだよ」と先輩に言われたら、若いエンジニアは面食らうことでしょう。そのような会社では、まずはウォーターフォール開発を教えて、知見を広げるためにアジャイル開発方法論について補足すべきです。

重要なのは、もっと議論をすることと、実際に試すことです。アジャイル開発方法論にとって最も重要な課題は、ユーザーに理解してもらうことです。ユーザーとの契約形態を請負契約から成果物責任のない委任契約に変える必要があるかもしれません。そのためには、もっと議論をすることで言葉に説得力を付けなければなりません。もっと実績を作り、ユーザーにとってもメリットがあることを伝えなければなりません。開発方法の違いによってユーザーにメリットがあることは、簡単には理解してもらえません。その意

味では、ユーザーのレベルアップも重要です。事業会社の情報システム部門の人は、システム開発会社との付き合い方を見直したほうがよいかもしれません。

アジャイル開発方法論は、国や地域や業界によって異なるものです。つまり、ユーザーごとに最適なアジャイル開発方法論があるのかもしれません。型にはまった考え方ではなく、それこそアジャイルに対応する必要があります。

設計が必要なのか不要なのかという議論や、アジャイルがどうという議論ではなく、もっと広い視野で、より良いシステム開発の方法を考えるべきです。

アジャイル開発の現状

まず第1に重要なことは、アジャイル開発はスクラム開発を中心として成熟したということです。ただ、実際に理解して実践できる人は少ないともいえます。この本の初版を書いた十余年前には、アジャイル開発方法論が発展途上であるとし、現状ではアジャイル開発方法論を適用できる開発プロジェクトは必ずしも多くないと書きましたが、アジャイル開発は大きく発展しました。アジャイル開発を適用しても、アジャイル開発を適用できなくても設計はこれからも必要です。

イテレーション開発を正確にユーザーに理解してもらうことは難しいものです。多くのユーザーは、要求仕様を満たした完成したシステムに関心があります。要求仕様の一部だけを満たしたシステムが動き始めたとしても、興味がないかもしれません。

オンサイト顧客とコミュニケーションは、ユーザーにとっても負担になりますが、ユーザーと開発側が良好な関係を築けると、大きなアドバンテージになります。ただ、ユーザーとの関係が良好すぎて便利屋さんにならないようにする必要があります。ユーザーからの要望にはすべて応えるべきでしょうか？ 要望を断るかどうかも、厳密にはユーザーに判断してもらう必要があります。この時、ユーザーには要望が現実的なものか、他の機能とのトレードオフが必要なのかの判断材料がありません。判断材料は、開発側から提供する必要があります。また、要望が大きい場合には、ある程度の小さい

単位にタスクを分割する必要があります。このような判断を適時行うために
は、高度なプロジェクトマネジメント能力が必要になります。さらに、オン
サイト顧客を行っているアジャイルチームは、基本的にほとんどのメンバー
がユーザーとコミュニケーションする機会があります。よって、メンバーに
もある程度のコミュニケーション能力が必要になります。

　包括的なドキュメントを用意しないことをユーザーに納得してもらうのは
困難です。開発後にメンテナンス用に一括して設計書を納品するとしても、
ユーザー側の担当者の渋い顔は変わらないでしょう。

　ユーザーにしてみると、設計書なしに開発できることが理解できません。
また、設計書がない場合、どのように完成したシステムを受け入れてよいか
がわかりません。「単体テストはすべて行った」と開発者は言っています。
「結合テストに相当する画面からのテストも行った」と開発者は言っていま
す。ユーザーとしては、要件定義のユースケースなどをもとにした受け入れ
テストを行うことになるのでしょうが、それだけでは不安が残ります。設計
書がないとしたら、結合テストやシステムテストはどのように行ったので
しょうか？　ユーザーがこのように考えるのも当然です。設計をしないとし
たら、設計に対応するテストをどうやって行うのか、疑問に思うのは自然な
ことです。

　また、ドキュメントがないと、実装以降の作業に他のシステム開発会社や
オフショアを使えません。そもそもアジャイル開発を行うような開発プロ
ジェクトで、オフショアを使うのかという疑問もありますが、開発中盤で間
に合わないとわかった時に使えるカードが1つ減ることは確実です。ただ、
アジャイル開発という選択肢とオフショアという選択肢は正反対にあるの
で、この二者択一で迷うことは多くないでしょう。

　テストファーストや自動テストを行うことには、それほど問題はないかも
しれません。ただ、油断はできません。テストケースを作成するには、モッ
クオブジェクトを準備する必要があるかもしれません。外部I/Oやデータ
ベースのように、単体テストで使用することが難しいものがあります。この
ようなものについては、モックオブジェクトなどでエミュレートできるよう
にしておきましょう。

　開発方法論としてアジャイル開発を選択することは、ウォーターフォール
開発をやめて反復型開発を行うこととは違います。ウォーターフォール開発

と反復型開発は、主に開発プロセスだけの違いです。しかし、アジャイル開発は開発プロセスだけの話ではありません。これまでに述べたように、イテレーション開発、コミュニケーション、オンサイト顧客、動くソフトウェア、テストだけでなく、使用する技術やプログラミングスタイルもアジャイルにあわせる必要があります。ソースコードは常にきれいに保つ必要があります。リファクタリングも適宜行うべきです。

　アジャイル開発を実践するには、まだまだ課題があります。アジャイル開発を行って失敗した話はよく聞きますが、それはアジャイル開発を何も考えずにプロジェクトに採用したためです。アジャイル開発を採用するには慎重な検討が必要です。ただ、ウォーターフォールを選んだとしても、そもそもの課題が解決するものではないので、可能であればアジャイル開発にチャレンジしたほうが未来に向けた経験ができます。アジャイルコーチやスクラムマスターとして支援してくれる企業も増えていますので、そういった外部の支援も活用しながら、ぜひチャレンジしてみてはいかがでしょうか。

アジャイル開発の実践

　アジャイル開発を適用するプロジェクトは増えてきています。しかし、アジャイル開発を適用してもうまくいかずに失敗したという事例を聞くことも少なくありません。事例を聞くと、多くの場合で手段であるはずのアジャイルが目的化していることに気が付きました。

　例えば、アジャイルソフトウェア宣言にある4つの価値と12の原則をきっちりと守り、プラクティスも何十個も適用してしまうのです。忠実にアジャイルをやろうとすればするほど、1回のイテレーションでやらなければならないことが増えていきます。アジャイル開発を回すことに頑張りすぎてしまい、肝心のシステム開発は遅々として進まないことになります。

　実施するプラクティスを増やせば増やすほどうまくいくのであればアジャイル開発はもっと簡単ですが、残念ながらそうではありません。原因はアジャイルというよりは、システム開発というものが人間を中心にした活動だからです。極端なやり方には人間がついていけません。

アジャイル開発の価値は、短い期間でイテレーションを繰り返して、イテレーションで部分的に開発したソフトウェアをユーザーにレビューしてもらうことで、ソフトウェアで実現したい仕様をユーザーから開発チームにフィードバックすることです。次の価値として、イテレーションごとに開発チームが進め方のふりかえりを行い、改善できるというものもあります。このユーザーがソフトウェアに期待する仕様へのすり合わせ、開発チームが改善しながら最適な進め方を見つける過程こそがアジャイル開発の価値です。

スクラム開発やXPを適用するにしても、それらのすべてを完全に行うことは不可能です。まずは、このアジャイル開発の価値に直結した最低限のプラクティスを重点的に意識して適用するのがよいでしょう。最低限のプラクティスは次のものです。

- **イテレーション開発をする**
- **イテレーション開発では優先度の高い機能から開発する**
- **イテレーションで開発した機能をユーザーレビューする**
- **ふりかえり／デイリーミーティングをする**

イテレーションはスクラム開発ではスプリントといいますが、同じものだと思ってかまわないでしょう。イテレーションの期間は早めにフィードバックを得るために1～2週間が良いかと思います。

上記の重点プラクティスに意識をしながらイテレーション開発を進めてみて、慣れてきたら必要に応じて、プラクティスを追加していきます。

アジャイル開発のマインドセット

アジャイル開発を適用するプロジェクトは増えてきています。しかし、アジャイル開発を適用することの利点を引き出しきれていないプロジェクトも多いように思えます。

実は、開発チームのマインドセットに原因があるかもしれません。よくあ

るのは、開発チームがユーザーレビューで指摘されるのを嫌がる、開発チームの中で自律的なふりかえりが行えず、進め方を十分に改善できないなどです。この2つの症状があると、ユーザーと開発チーム自身からの的確なフィードバックを得られず、改善を行うことができません。改善が行えないとアジャイル開発を行う価値のほとんどを享受できなくなるので、無駄に不慣れな方法で開発しているだけになってしまいます。

　アジャイル開発を適用するということは実現したいソフトウェアは従来のものとは違う、今は誰も見たことがない、新しい未知のものということになります。ユーザーにとっても未知のものであり、正直なところ手探りでレビューしてフィードバックすることになるでしょう。人間は誰しも他人から指摘されるのは好きではありません。さらに、その指摘が完璧な自信があるわけではなく、手探りなものだったりすると余計に不信感を覚えてしまうのかもしれません。ついつい、「最初からきちんとした仕様を言ってくれればいいのに」と心の中で思うかもしれません。

　ただ、ここで不信感を持ってはいけません。今の時代に新しいものを作るというのは、常に手探りであり、仕様を決めるユーザーと、それを開発する開発チームは立場を超えて協力しなければなし得ないものです。決めてもらったものだけ作るというベンダー根性は捨てなければなりません。開発チームもユーザーと一緒になって、より良い仕様を考えるぐらいでなければなりません。仕様を考えるとなると、今後のエンジニアは今までよりも幅広い知識を要求されることになると思います。それを楽しいと思える人が、これからの時代には必要なのだと思います。

　ユーザーレビューでの指摘は、お客様から指摘されると思えば、まだ耐えられるものだと思いますが、ふりかえりは開発チームのメンバー同士の指摘になるので余計に苦手な人が多いかと思います。今の日本だと意見をぶつけ合うことは心理的な緊張感を伴うものになってしまっていますので、ふりかえりでは当たり障りのない意見ばかりが出るようになり、改善がうまくいかないことも珍しくありません。仕事なのだから率直な意見を言うのはとてもいいことなのですが。心理的安全性という言葉もありますが、意見を言ったからといって誰も怒らないとわかってはいても、発言しにくい雰囲気というものはあります。雰囲気に過ぎないので、勇気を出して意見を言ってしまえばいいのですが、非常に難しいカルチャーの問題にぶつかります。ファシリ

テーターとしてアジャイルコーチやスクラムマスターが参加するのも有効かと思います。

　ユーザーも開発チームを育てるという視点を持つことが必要です。すぐに結果が出なかったとしても、開発チームが成長しているのであれば待つことも必要です。問題は開発チームが成長しておらず、改善も行われていない場合です。この場合はユーザーが開発チームに直接指導するよりも、アジャイルコーチやスクラムマスターを介して是正してもらうようにすべきです。ユーザーが開発チームに開発の進め方を意見するのは関係を複雑にするので控えたほうがよいです。ユーザーが開発チームに意見する際は、いつまでにどういうソフトウェアがほしいかを伝えるようにしましょう。

　イノベーションの壁になっているのは技術ではなく、人間の思考かもしれませんね。

設計には価値がある

●

　マーチン・ファウラー氏は『Is Design Dead ？ (http://martinfowler.com/articles/designDead.html)』という論文の中で、設計のこれからについて述べています。ファウラー氏はこの論文の中で「進化的設計」と「計画的設計」という話をしています。進化的設計とは、システム開発の進捗に従って設計も進化していくというものです。計画的設計とは従来の設計方法で、設計したとおりに実装するので、設計が変わることは基本的にないと考えるものです。従来の考え方では、設計が変わってしまうことは失敗を意味していました。ファウラー氏は、これからは「進化的設計」が望ましいと述べています。

　ここからは、筆者の経験に基づく考え方を紹介します。筆者は設計を行いながら実装したり、実装しながら設計したりすることがよくあります。特にフレームワークを開発している場合はそうです。UMLのクラス図を書いて設計しているだけだと、どうしてもソースコードではどのように表現されるのかが気になります。フレームワークの開発では特にそうですが、クラス図としての完成も重要ですが、それ以上にソースコードで記述した時にきれい

325

であることが重要です。フレームワークは他の人に使ってもらうためのものです。したがって、ソースコード自体やクラス名、メソッド名などの付け方が、フレームワークの設計意図を利用者に伝えられるものでなければなりません。UMLで見る時とソースコードで見る時では、どうしてもクラス名やメソッド名の印象は違います。

　また、設計書とソースコードでは、表現の得手不得手が違うように思います。UMLのクラス図であれば、クラスの継承関係やクラス間の関連は非常に明確です。トップダウンでクラスの責務を設計するのには優れていると思います。逆にソースコードは、ボトムアップでクラスの責務をプログラミングして明確にしていくことが得意です。さらに、UMLは複雑なものを表現するのに必ずしも適していません。複雑なものをUMLでより正確かつ詳細に記述しようとすると、かえって見にくいものになります。UMLのトップダウンでの設計と、ソースコードのボトムアップでの記述では、視点が違うのです。実際にUMLでクラス図を書かないとしても、ソースコードを記述しながらトップダウンの視点も忘れてはなりません。これは、良い設計と実装をするために必要なことです。設計書を記述することは、そのようなトップダウンからの視点をトレーニングする方法として有効です。

　設計の良い点として、不要なことは記述しなくてもよいことがあります。できれば自分が設計したものは実装までしたいのですが、どうしても他の実装者にプログラミングをお願いすることがあります。このような時は、設計だけして設計書を渡したりします。その際、設計書は詳細であればよいわけでもありません。設計には意図があるはずで、その意図を伝えることが設計書の目的です。UMLのクラス図であれば、重要でないメソッドや属性をわざと省略します。詳細な指示はせず、プログラマの判断に任せたほうがよいからです。UMLであれば、不完全なクラスでも特にエラーにはなりません。設計とは違い、プログラムは基本的に正確である必要があります。特にJavaのようなコンパイル言語では、文法を正確に記述しないとコンパイルエラーが発生してしまいます。

　筆者は、フレームワークを設計する時に、クラス図を書きながらソースコードをラフに記述することがあります。モデリングツールとエディタの両方を使いながら設計していきます。まさに、トップダウンとボトムアップの両方の視点を使って設計するのです。ただこの時、普通のテキストエディタ

ならばよいのですが、EclipseのようなIDEを使っていると、自動的にコンパイルをするので、コンパイルエラーが大量に発生します。設計中なのでメソッド名はどんどん変えるし、引数の数もどんどん変えていきます。return文をきちんと書くようなことはしないので、それらもエラーになります。仮に、それらのエラーをなくすためのコードを書いてしまうと、設計としてはやり過ぎになってしまいます。本質的ではない補足的なメソッドは、設計としては記述しないほうがよいのです。設計と実装ではツールも目的も違うので、視点も異なるのです。プログラムよりもドキュメントのほうがわかりやすい場合は、ドキュメントを作成すべきでしょう。

　アーキテクチャ設計の必要性は、今後もあります。アジャイル開発方法論では、YAGNI（You Ain't Gonna Need It）という言葉があります。「今、必要でないものは作らない」という意味です。これに従うと、アーキテクチャ設計などは不要になります。アーキテクチャというのは、システムの発展を予想した先行投資だからです。しかし、明らかに先行投資が有利な場合があります。システムを実装してからレイヤーアーキテクチャを適用することは非常に大変です。Webアプリケーションであれば、どのようなレイヤーにすることが有効なのかは多くの経験からわかっています。いくらアジャイルでも、わかっていることを行わないのは不自然です。また、あるクラスが共通で使われるであろうことが容易に想像できることもあります。このようなクラスは、最初からユーティリティクラスとして作成するとよいでしょう。さらに、アーキテクチャはコンポーネントの構造や振る舞いをシステム全体の基本構造として設計するものです。例えば、データベース処理にDomainModelパターンを使うのかTransactionScriptパターンを使うのかは、先に決めるべき問題です。確かに、必要か不要かの判断に迷うような機能については設計する必要はないでしょうが、明らかに必要なものはアーキテクチャとして設計すべきです。

327

これからのエンジニアと設計

　若いエンジニアで設計書が書けない人が多くなってきました。理由はいろいろあるのでしょうが、設計書を書く機会が少なくなっているからでしょう。ある機能を説明するための文章を記述したり、ある機能のクラスの構成をUMLで記述したりすることには、大きな意味があります。設計書は、プログラミング言語に依存せずに書くことができます。もちろん、多重継承を使ったクラス図は、一部のプログラミング言語に固有のものです。それでも、Javaであればインターフェイスを使い、Rubyであればモジュールを使えばよいのです。

　また、筆者の経験では、設計書が書けないエンジニアで、優秀なプログラマをほとんど見たことがありません。ここでいう優秀なプログラマとは、クラスの責務が適切で、メソッドの粒度も適切で、ソースコードをきれいに記述できる人のことです。コーディングのスピードがとにかく速いとか、とりあえず動くものは作れるとか、技術知識が豊富なのでフレームワークのマニアックな機能を知っているといったことではありません。設計書を書く人が優秀な設計者とは限りませんが、優秀な設計者であれば優秀なプログラマでもあるように思います。また、優秀なプログラマの多くは優秀な設計者だと言いたいところですが、自分が書いたプログラムについてうまく説明できない人は多いものです。自分が書いたプログラムのクラス図くらいは、ホワイトボードに簡単に書けるようになりたいものです。設計の意図が伝われば正確なUMLでなくてもよいのです。

　設計を学ぶことと、無意味な設計書を朝から晩まで書き続けることは違います。設計を学ぶというのは、設計に関する良い本を読むことや、他の人の設計を研究することです。設計を研究するうえで、デザインパターンを学ぶことは効果的です。時には、他人の書いた良いプログラムのソースコードを分析することも効果的かもしれません。良いオープンソースのソースコードを分析することは、良いプログラマや、良い設計者になるための近道です。設計は、良いプログラムを書くためのテクニックです。良い小説を書くには文章の修辞を学ぶことも大事ですが、全体の構成を考えることも必要でしょう。

　技術の進歩は、常識を根底から覆します。現在の設計手法も、あくまでも

現在の技術のためのものです。Webがいつまでも現在のWebであるとは限りません。オブジェクト指向やリレーショナルデータベースが将来にわたって存在するとは限りません。画期的なプログラミング言語が発明されるかもしれません。ただ、技術は積み重なっています。表面的には変わっても、基本的な原理は変わらないものです。コンピュータやネットワークの原理は、IPアドレスのサイズが大きくなっても変わらないでしょう（我々にとっての利便性は格段に向上するでしょうが）。エンジニアとして必要なことは、基礎技術の原理を知ったうえで、さまざまな応用技術を学ぶことです。足腰の強いエンジニアとは、長時間の残業に耐えられるということではなく、このような基礎のしっかりしたエンジニアのことだと思います。

おわりに

　最近、CTOというポジションが注目されていることはとても素晴らしいことです。本書の読者の中にも将来はCTOになりたいという夢を持っている人も多いと思います。CTOが注目されるということは、著者が常々目指しているビジネス×テクノロジーの相乗的で爆発的なイノベーション組織の実現に、世の中も近づいてきているようです。CTOという役職かどうかは関係なく、エンジニアがビジネスのことを考えて、エンジニアがビジネス提案をする世界。ドキドキします。

　ビジネス×テクノロジーの世界で、CTOはテクノロジーについてだけを語っているわけではありません。少なくともテクノロジー組織の組織設計や人材採用・育成・評価は行う必要があります。他にも全社にテクノロジーを浸透させようとすると、既存の組織のままでは限界があります。そのため、全社の業務も効率化のための変革が行われ、全社の組織設計や人材採用・育成・評価なども影響します。CTOが本当の意味で機能しはじめると、全社的に昨日までとは違う組織になります。まるで空気が変わるというか。

　またビジネス×テクノロジーの世界では、エンジニアが大きく成長する可能性があります。技術者が成長するには技術を学ぶこと自体も重要ですが、それ以上に顧客に近いところで技術を使い、顧客の課題を解決することに勝る経験はありません。B2Cなら顧客とは一般消費者です。顧客に接することでエンジニアは技術を使う目的を得ることができます。目的を得ることで技術が手段として正しく位置付けられます。顧客の声は優しく厳しいものでもあります。顧客の声はエンジニアを容赦なく成長させることでしょう。

　このようにビジネスを牽引するCTOをはじめとし、エンジニアの役割は重要さを増していますが、その役割について注意も必要です。突然ですがここで質問です。次のような質問をされたらあなたはどう答えますか。

「もし何か開発するとして、自由に技術を選べるとしたら、どんな技術を使いますか？」

330

　技術とはワインのようなものです。世界で最も美味しいワインなどというものは存在しません。何を祝うために飲むのか、誰と飲むのか、どんな料理と一緒に楽しむのか、その条件で最も美味しいワインは変わるのです。条件によっては1,000円のワインが最も美味しいワインになることもあります。CTOという仕事もまったく同じです。何のために、どんなシステムを、どんなチームで、いつまでに、予算はいくらまでなのかによって、どんな技術を選ぶべきか変わります。これはCTOの役割におけるソムリエ的な側面です。CTOが流行りの好きな技術を選ぶだけであれば開発は滞り、リリースできても保守が大変なことになるでしょう。

　技術がワインなのだとすれば、この料理に合う最高のワインを選んでほしいと言われることもあります。経営者から「新規ビジネスを行うので、CTOに最適なシステムを提案してほしい」と言われた時と同じです。この時はビジネスからシステムが満たすべき要件を決めて、要件を満たすためのシステム開発計画を立てます。開発計画には、何のために、どんなシステムを、どんなチームで、いつまでに、予算はいくらかといった条件を定義します。その上で要件と計画を実現するための技術を選びます。ビジネスを実現するために必要であれば、新しい技術を作り出すこともあります。例えば、AIを使う前にデータプラットフォームを先に作るといったケースです。これがCTOの役割におけるワイナリー的な側面です。CTOが使う技術を勝手に決めて、それらがありきたりな技術ばかりでは、それによって実現できるビジネスにも限界があるでしょう。

　最後に、ビジネス×テクノロジーの世界で大事なことは、自分らしさです。流行りだからやるのではなく、自分の心が動くものをやるべきです。技術を学ぶには時間がかかります。本書の内容を実践できるようになるには、少なくない時間が必要です。さらにビジネスを学び、組織を学ぶとすれば時間がいくらあっても足りません。これをやり続けるには、誰かの真似ではなく、自分の気持ちに沿って取り組むことが大事です。自分らしさを見つけるのも大変なことですが、自分自身に興味を持って、自分を探し続けてください。

　ちなみに私は下戸です。ワインの味の違いもわかりません。
　また、どこかでお会いしましょう。

2022年4月　吉原庄三郎

INDEX

著者プロフィール

吉原 庄三郎

ITアーキテクトとして数多くのミッションクリティカルシステムの再構築を手掛けた後、ITコンサルタントとして独立する。大手自動車会社のグローバル基幹システムの再構築に携わるなどエンタープライズ領域におけるシステム開発を山ほど行う。その後、大手出版社や大手物流会社にアジャイル開発を導入するなど、アジャイル開発の実践も行っている。最近はいくつもの会社のCTOや役員を行いながら、ビジネス変革を起こすためのエンジニア組織の立ち上げを中心に行っている。2020年に株式会社アッパーレイルを設立。情報経営イノベーション専門職大学（iU）客員教授、株式会社PRECS取締役CTOを兼務。他にターミナル株式会社にスクラム開発を導入している。

装丁・本文デザイン _____ 大下 賢一郎

DTP _____ 株式会社シンクス

はじめての設計をやり抜くための本 第2版

概念モデリングからアプリケーション、データベース、
アーキテクチャ設計、アジャイル開発まで

2022年 4月18日 初版第1刷発行
2024年 8月 5日 初版第3刷発行

著　者 _____ 吉原 庄三郎（よしはら・しょうざぶろう）

発行人 _____ 佐々木幹夫

発行所 _____ 株式会社翔泳社（https://www.shoeisha.co.jp）

印刷・製本 _____ 株式会社ワコー

ISBN978-4-7981-5376-6
Printed in Japan